U0342262

普通高等教育"十二五"规划教材

# 化学微格教学

吴晓红　刘万毅　主编

扫码获取数字资源

北　京

冶金工业出版社

2025

# 内 容 简 介

本书是根据教育部对高等院校化学教育专业学生的基本技能训练要求而编写的教材。全书共分为13章，包括微格教学概论（实施模式、实施过程、教学设计及教学评价等）、基本微格教学技能（导入技能、变化技能、提问技能、板书技能、讲解技能、组织技能、演示技能、强化技能、语言技能、试误技能和结束技能等）及信息化教学，涵盖了教师专业发展教学技能训练的基本内容。本书以二维码的形式载有数字资源，主要针对各教学技能特点进行课堂教学视频展示，可为教师教学提供案例，可供师范生学习借鉴。

本书可用作师范院校及综合院校师范专业的本专科生、硕士研究生或本专科函授学生的教学教材，也可作为课程与教学论（化学）、教育硕士（化学）和从事化学教育相关工作的教师、研究者的参考教材。

**图书在版编目（CIP）数据**

化学微格教学/吴晓红，刘万毅主编 .—北京：冶金工业出版社，2014.3（2025.3 重印）

普通高等教育"十二五"规划教材

ISBN 978-7-5024-6510-0

Ⅰ.①化… Ⅱ.①吴… ②刘… Ⅲ.①化学—微格教学—高等学校—教材 Ⅳ.①O6

中国版本图书馆 CIP 数据核字（2014）第 016012 号

**化学微格教学**

| | | | |
|---|---|---|---|
| 出版发行 | 冶金工业出版社 | 电　话 | (010)64027926 |
| 地　址 | 北京市东城区嵩祝院北巷 39 号 | 邮　编 | 100009 |
| 网　址 | www.mip1953.com | 电子信箱 | service@ mip1953.com |

责任编辑　卢　敏　美术编辑　吕欣童　版式设计　孙跃红
责任校对　禹　蕊　责任印制　窦　唯
北京虎彩文化传播有限公司印刷
2014 年 3 月第 1 版，2025 年 3 月第 8 次印刷
710mm×1000mm　1/16；13.25 印张；256 千字；198 页
定价 28.00 元

投稿电话　(010)64027932　投稿信箱　tougao@cnmip.com.cn
营销中心电话　(010)64044283
冶金工业出版社天猫旗舰店　yjgycbs.tmall.com
（本书如有印装质量问题，本社营销中心负责退换）

# 《化学微格教学》

## 编写人员名单

主　　编：吴晓红　刘万毅

编写人员：吴晓红　刘万毅　林　枫
　　　　　徐海东　杨文远　高　霞
　　　　　黄金莎　李文婷　任　斌
　　　　　孙　婕　毕吉利　肖　敏

# 前　　言

　　《化学微格教学》是一门以教育学、心理学理论及化学学科知识为基础，以适应师范生职业技能教育需求为目的，将教育理论应用于教学实践的应用性课程。本书秉承"理论讲解科学化、技能训练模式化、案例选取典型化、评价系统多元化"的宗旨，为化学师范生奠定理论和实践基础。

　　本教材是在2005年宁夏回族自治区精品课程（省级）——《化学微格教学》及自编讲义的基础上编写而成的。从内容设置到形式呈现，从教学实践到评价体系，从训练方法到教学理念等方面有了全新的突破。

　　本教材主要有如下三个特点：第一，教学目标明确。本书以提高化学师范生教学技能为着眼点，创设"知识、领会、应用、评价"四个目标维度，力求做到在理论学习上总结提高，在教学实践中完善评价。第二，训练内容全面。本书结合教师教育标准，涵盖了导入、讲解、结束等11项化学教学基本技能及信息化教学，为化学师范生专业技能训练提供了理论依据。第三，评价体系完善。根据不同教学技能的特点，开发了微格教学技能课堂观察量表。从"学生学习""教师教学""课程性质""课程文化"4个一级指标，"准备""倾听""互动"等20个二级指标和"知识达成""师生互动""课堂氛围"等33个观察点对技能训练者课堂教学做了详细、深刻的剖析和评价，帮助师范生熟练掌握微格教学各项技能的功能、要素、类型及应用要点。

　　本教材共设化学微格教学概论、导入技能、变化技能、提问技能、板书技能、讲解技能、组织技能、演示技能、强化技能、试误技能、语言技能、结束技能、信息化教学这13章，涵盖了师范生教学技能训练的基本内容。其中化学微格教学概述主要介绍了微格教学的历史发展、实施模式、教学设计和技能评价体系等内容；基本教学技能各章节紧扣教师专业技能发展需要，主要包括技能概述、功能、类型、构成要素、应用要点、案例评析等内容；信息化教学主要介绍了信息化教学的概念、模式、过程及应用等内容。同时，我们还精心选取了本书各教学技能评价案例的视频，便于师范生学习借鉴，可扫书前二维码获取。

本教材是"宁夏回族自治区高等学校教育教学改革项目——化学教育特色专业"和"宁夏回族自治区精品资源共享课——化学微格教学"的阶段性成果。

作者在本教材编写过程中参考了部分院校的教材和专著，以及国内外相关资料和文献，在此表示诚挚的谢意。同时选取了宁夏大学化学化工学院 2010 级化学师范专业张涛、徐迎丹、孙贤、周玲、张萌、赵丽娟、汪婷、杨芳红、刘晓晨 9 名同学的微格教学设计及课堂教学实录作为评价案例，一并表示感谢。

由于时间和水平有限，书中不足之处在所难免，敬请广大师生给予批评指正。

编　者

2013 年 11 月于银川

# 目　　录

# 第一章 化学微格教学概述

微格教学就是把复杂的课堂教学的全过程分解为许多容易掌握的单一教学技能，如导入、结束、提问、讲解、演示、强化、试误、变化等。对每项教学技能进行逐一研讨并借助先进音像设备、信息技术，通过摄录、回放、自评、互评、纠正、重试等步骤对师范生进行教学技能系统培训的微型教学，使师范生实现自我认识与自我完善，达到教态自如、技能熟练的目的。

——编者

**学习目标：**

**知识：** 了解微格教学的概念、产生、发展及国内外微格教学实施模式及特点；

**领会：** 理解宁夏大学微格教学实施过程及课堂观察评价模式、评价维度；

**应用：** 掌握微格教学设计程序，能进行教学任务的分析，教学方案的设计；

**评价：** 熟练掌握微格教学课堂观察量表的维度、视角和观察点，能运用量表进行初步评价。

# 第一节　微格教学简介

微格教学（Microteacher），又被译为"微型教学""微观教学""小型教学"等。1963 年，美国斯坦福大学的教育学博士爱伦（D. Allen）借助录像、录音设备和电教技术，在采用角色扮演培养教师教学行为方法的基础上，对所记录的行为进行分析与评价，并使之完善，这就是微格教学。微格教学的创始人爱伦博士将其定义为"一个有控制的实习系统，它使师范生有可能集中解决某一特定的教学行为，或在有控制的条件下进行学习"。微格教学自 20 世纪 60 年代提出后，很快推广到世界各地，被一些国家用作培训教师教学技能、技巧的一种有效方法。我国在 20 世纪 80 年代开始引入微格教学，全国各师范院校陆续开设了微格教学课程，并将微格教学列为师范生的必修课。

对于微格教学的理解，"微"即微型、片段及小步的意思；"格"，取自成语"格物致知"，意为推究事物道理、法则，取得理性认识。在形式上，一般将微格教学描述为一个缩减的教学实践，它在班级大小、课程长度和教学复杂程度上都被缩简。目前，主要是运用教育技术手段把师范生技能训练时练讲课的行为录下来，反馈给师范生，师生共同分析评价教学行为，从而使师范生正确掌握教学技能。所以，微格教学的特点用一句话概括就是："训练课题微型化，技能动作规范化，记录过程声像化，观摩评价及时化"。

20 世纪 90 年代以前，行为主义学习理论影响着我国各式各样的教学活动，同样，也影响了微格教学过程。行为主义学派主张研究外显行为，把个体行为归结为个体适应外部环境的反应系统，即所谓的"刺激-反应"系统。因此，进行微格教学技能训练时强调指导教师的作用，这便于指导教师组织、监控整个教学技能训练过程，便于指导教师和师范生之间的情感交流。认知主义学习理论认为，学习是认知结构的组织与重建，是学习者主动建构内部心理活动表征的过程。受认知主义学习理论的影响，微格教学所强调的并不是简单模仿示范的教学行为，而是通过先期的理论学习与教学实践活动形成一定的经验与认知结构，然后经过观察、设计、试讲、重看、评议实现知识的迁移、技能的形成，建立理论与个体经验融为一体的认知结构，促使学习者从单纯的技能模仿转变成有目的的接受与创造性发挥。人本主义学习理论认为教师面对的学生是有主观能动性的个体，教育要以学生的发展为本，突出学生的主体地位，强调以学生为中心的教学方法，强调尊重学习者的学习兴趣和爱好，尊重其自我实现的需要。在人本主义学习理论的影响下，微格教学教育者要尽可能提供各种学习资源，营造和谐的、交流的学习环境。通过对学生潜能的开发，让学生学会和驾驭生活，并促使其个性得以完善。

随着微格教学的不断发展，其作用也是显而易见的，微格教学不仅提高了教学技能，为教师的实际课堂教学打下了良好的基础，同时也填补了教学论和各科教学法研究的空白，为教学理论的研究开拓了领域。

# 第二节　微格教学实施模式

微格教学模式是指在现代教育思想的指导下，在微格教室中展开教学活动进程的稳定结构形式。它是连接理论与实践的桥梁，为教师提供了一个指导微格教学实践的系统的、稳定的、层次清晰的理论范型。由于目的任务和所依据的理论基础不同，从而产生不同的微格教学模式。

## 一、国内外微格教学实施

（1）美国的爱伦模式。20世纪60年代，作为微格教学的创始人，爱伦曾经指出：微格教学的目的是训练准备成为教师的人具备教师应该具备的教学技能。爱伦模式有三个特点：第一，必须为学习者提供清晰的教学技能定义模式，爱伦将其认为的"教师应该具备的技能"分成变化刺激方式、导入、结束、沉默以及其他非语言的暗示、提问的流利程度、强化学生参与、探询提问、高层次的提问、发散性提问、确认学生的听讲行为、解释与举例、讲解、有计划的重复、交流的完整性14类。第二，受训者必须在相对简单和对学习者要求较少的条件下进行实践。第三，受训者必须获得自己实践活动的特殊反馈，通过反馈改进教学。

（2）澳大利亚的悉尼模式。悉尼大学的微格教学实施过程包括示范、角色扮演、反馈、重教四个环节。这一模式有两个最显著特点：第一，评价贯穿于全过程中，而且是启发受训者自我评价，从而发现问题并进行改正。第二，细分教学技能。悉尼大学将技能分为强化技能、一般提问技能、变化技能、讲解技能、导入和结束技能、高层次提问技能六类。这六大类技能又包括多个可以综合训练的技能，如讲解技能又分为提出问题关键、提高清晰程度、使用惯例、形成相关联系、进行强调、监督反馈。

（3）中国北京模式。微格教学于20世纪80年代引入我国，以北京教育学院孟宪凯、孙立仁先生为代表的模式称为"北京模式"。北京模式有三个特点：第一，将宏观层次的教学活动分解为各项教学技能，一项技能由一类教学行为构成，这些技能包括：导入技能、教学语言技能、讲解技能、提问技能、强化技能、变化技能、演示技能、板书技能、结束技能、课堂组织技能。第二，强调现代化教学手段的运用，如电视机、摄像机、录像机等。通过现代教学手段的运用，为师范生及时提供音像反馈，并及时对此进行定性和定量评价。第三，在借鉴国外微格教学经验的同时，结合国内教育的特点，对教学技能中的行为要素进行描述，介绍并描述了各项技能的应用类型，并用实例加以说明。

**二、宁夏大学微格教学实施**

自微格教学引入国内后，宁夏大学也十分重视微格教学的发展，引入了微格教学实验室。经过多年的探索与实践，宁夏大学在对微格教学进行深入研究后，积累了一定的经验，形成了自己的微格教学模式。

（一）微格教学实施模式

（1）学习理论。微格教学是在现代教育理论的指导下对师范生教学技能培训的实践活动。因此在展开实践活动之前，师范生应该不断汲取相关知识，如现代教学理论、教学方法、教学设计、微格教学理论、教学技能分类等。通过学习相关的理论，受训者可以形成一定的认知结构，以便后期观察学习内容的同化与顺应，提高学习信息的可感受性及传输效率，促进学习的迁移。

（2）示范观摩。观看优秀教师教学录像，由教师对一堂课中所体现的各种技能在本节课中的作用进行分析，体现了本技能的哪些要素、哪些类型，在使用该项技能时所表现出的优缺点及改进意见；播放往届学生微格教学录像，让学生评议技能要素、技能类型、教师的教学行为、学生的行为、所用的媒体，总结值得学习借鉴之处并提出改进建议。

（3）组织备课。将师范生按照 4～5 人的规模划分小组，指导各小组备课，每个小组承担一种教学技能的设计，小组成员每人编写一至两种类型的教案；按照微格教案的编写格式写出教案并反复修改训练。

（4）角色扮演。角色扮演是微格教学的中心环节，是师范生接受教学技能的具体实践。在实践过程中，师范生应该轮流扮演教师、学生、评价者的角色，从而体验、感悟课堂教学的不同情境，多维度地理解教学内容，从中探究教与学的有效方法。

（5）反馈评价。依据录像记载的实际角色行为，结合定性和定量两种方法开展组内评价和班内评价。定量的方法即评价者在微格教学所要求的评价标准下，根据各个技能的观察表对授课者进行充分的评价；定性的方法即评价者通过讨论，为师范生的教学实践提出切实可行的意见和建议。

（6）反思提高。整体评价后，学生根据评价结果，写出反思感受，明确重点训练的项目和方式，争取下一轮教学实施过程中行为改进。

（二）微格教学实施模式特色

（1）目标明确可控性。先以单一的技能形式训练再进行综合技能训练，使培训目标明确，容易控制。课堂教学过程是各项教学技能的综合运用，只有对各单项技能进行反复训练直至熟练掌握，才能最终提高综合课堂教学能力。

（2）训练形式多样性。每次训练学生由 4 名学生组成学习小组，集中训练每单项技能 10min 左右，使学生在较短时间内掌握单项技能。然后在 20 人左右的大组进行 10min 说课，35min 模拟课堂教学的综合技能训练。最后，在全班进行多媒体辅助的课堂观摩教学。

（3）反馈及时全面性。利用现代视听设备作为记录手段，真实而准确记录了教学的全过程。这样，对学生而言，课后所接受到的反馈信息来自教师、学生、上届师范生和授课者本人，反馈是及时全面的。录像上传到"化学微格教学"精品课网站后，学生可反复观察视频，实现自评与互评结合、生生评与师生评结合。

（4）角色转换多元性。每个人在课程学习中，从学习者到执教者，再转为评议者，如此不断地转换角色，反复从理论到实践，经过实践再进行理论分析、比较研究，使课堂教学既有理论指导，又有观察、示范、实践、反馈、评议等内容，体现了新课改背景下教育观念的更新。

（5）评价科学合理性。评价内容具体直观，参评者范围广，所指定的评价标准合理，可操作性强，使评价结果包含的个人主观因素成分减少，因此科学合理。

微格教学的开展，对师范生传统课堂教学的培养过程是一次全新意义上的突破。在教学与学习过程中，充分学习和利用现代教育技术手段，扩大了课堂教学容量，实现了"师生"互动、"生生"互动，提高了学生的教学专业技术水平；最大程度地接近了当前中学教育改革的前沿阵地；最大程度地重视学生实践层面的培训；最大程度地体现学以致用、培养优质师资的目的；最大程度地调动了学生的学习兴趣和学习积极性。学生在学习的过程中表现出了极高的热情和极大的投入，因此，取得了良好的教学质效。

# 第三节　微格教学设计

微格教学的教学设计与一般的课堂教学设计既有联系，又有区别。微格教学设计是针对某一个教学片段的设计，突出对师范生某一具体教学技能的训练。因此，就不能像课堂教学设计那样从宏观的结构要素来分析，而是要把一个事实、概念、原理或方法等当做一套过程来具体设计。

## 一、微格教学设计程序

微格教学课堂系统是由相互联系、相互作用的多种要素构成的，在教学过程中如何将多种要素协调好，是微格教学备课的关键。微格教学设计与一般教学设计考虑的因素一致，主要包括以下几个步骤：教学任务的分析，教学方案的设计，教学过程的实施，教学成果的评价，如图 1-1 所示。

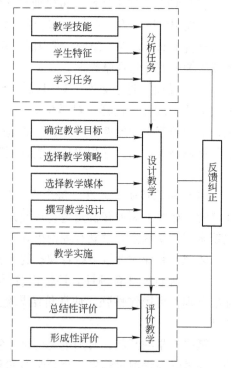

图 1-1　微格教学设计程序

### （一）教学任务的分析

教学任务的分析是通过内部参照分析或外部参照分析等方法，找出学习者的现状和期望之间的差距，确定需要解决的问题是什么，并确定问题的性质，形成教学设计项目的总目标，为教学设计的其他步骤打好基础，即师范生不仅要分析所要训练的技能，还要对学生所学的内容、学生的特征进行分析。

（1）分析教学技能。微格教学的目的是让师范生实践并逐渐熟练地掌握各种教学技能。因此在进行微格教学设计时，师范生应该对所训练的技能的概念、类型、运用要点等有着充分的了解，从而为实施过程打下良好的基础。

（2）分析学生特征。学生的学习准备状态和学习起点是影响学生学习新知识的重要因素。分析学生的特征不仅要了解学生已有的知识基础，还要分析学生已有的学习技能和认知水平，从而更好地确定最近发展区，做到因材施教。

（3）分析学习内容。教学内容的分析主要解决的是"教什么"和"学什么"的问题。中学化学教学的内容主要来自于教材。因此，在分析教学内容时，教师应依据课程标准分析教材，深入钻研课程标准，全面把握教材的知识体系和能力要求，在此基础上才能分清主次，准确把握教学重点和难点，合理组织教材内容。

### （二）教学方案的设计

教学方案的设计即通过预先的规划，对教学目标实现过程的具体预演。它的优劣直接决定着教学过程和教育效果。教学方案的设计包括以下四个内容：

（1）确定教学目标。教学目标是指预期的教学成果，是组织、设计、评价一堂课的出发点和依据。师范生根据课程标准、学生的认知水平、教学进度制定明确、可行的教学目标，为教学设计提供了最为可靠的参考体系。

（2）选择教学策略。教学策略就是教学方法、教学模式等一系列能够实现教学目标的手段的统称。教师根据自己对教学活动的认知结果，对教学活动进行科学分析，自觉地、有目的地控制和改善自己的教学行为，提高教学能力，可以从根本上提高教学质量。

（3）选择教学媒体。教学媒体即在教学过程中传递、记录、储存及再现教学信息资源。普遍使用的教学媒体包括黑板、挂图、模型、投影、录像、电子白板等。各种教学媒体的综合利用能够为学生提供更为直观的感性材料，提高教学效果。

（4）撰写教学设计。微格教学设计的编写要遵循便于训练、讲究质量和效益的原则。教案内容应包括教学目标、教师的教学行为、学生可能发生的行为（预想的回答等）、采用的教学媒体、技能要素以及时间分配等。

（三）教学过程的实施

教学过程的实施是教学设计的中心环节，在教学实施的过程中，师范生通过使用教学策略、利用教学媒体等手段从而实现教学目标，完成教学任务。

（四）教学成果的评价

评价是对教学行为结果设定的尺度和标准。它通过对各项技能指标的考察和分析，来评价师范生的教学技能水平。在教学技能的训练中，教学评价不仅能区分师范生的教学技能水平，更能为师范生提高教学技能水平提供导向。

## 二、微格教学设计模板

微型教学设计和普通教学设计不同，除了要明确课题，微格教学设计在编写的时候还要明确微格教学训练的时间以及所训练的技能。微格教学设计模板如图1-2 所示。

课题：
训练技能： 训练者： 时间：
教学目标：

| 时 间 | 教师行为 | 学生行为 | 技能要素 |
|---|---|---|---|
| | | | |

图1-2 微格教学设计模板

（1）教学目标（包括技能训练目标）。教学目标即教师和学生通过教与学的活动所预期要实现的学生行为的变化，是教学过程依据的指标，也是教学评价的依据，所以在书写上，书写教学目标的语言要准确、简洁、具体。

（2）教师的教学行为和学生的学习行为。教师教学行为指教师开展教学时的行为、语言等。学生学习行为是教学设计中预期的学生的行为，包括学生的回忆、观察、回答和活动各方面，它体现了教师引导学生学习的认知策略。

（3）教学技能要素。在微格教学技能训练时，重点突出某一技能训练应具备的要素。

（4）准备的教学媒体。教学媒体应按教学内容和教学进程加以注明，以便准备和使用。

（5）时间分配。微格教学由 0s 开始计时，它以分、秒为单位严格控制教学过程的每个环节。

（6）板书设计。板书设计应理清问题线索，摘出内容提要，提示教材的重点和难点。

## 第四节　课堂观察评价

### 一、课堂观察评价模式

课堂观察是指通过观察对课堂的运行状况进行记录、分析和研究，在此基础上谋求学生课堂学习的改善，促进教师发展的专业活动。专业活动的观察与一般的观察活动相比，前者要求观察者带着明确的目的，凭借自身感官及有关辅助工具（观察表、录音录像设备），直接或间接从课堂上收集资料，依据资料做相应的分析、研究。

宁夏大学自 2011 年开始引入课堂观察技术，构建微格教学技能测评体系，利用该体系进行化学师范生微格教学技能的培养。首次尝试将教学技能的要素、类型、功能和课堂观察四个维度建立联系并以此确立观察点，设计一系列微格技能观察表进行评价，依照不同观察点反映出的问题，提出更有效、更有针对性的教学意见和建议。在实施过程中要求全体评价对象反复练讲，熟练后进行公开试讲并拍摄录像。在全班范围内重新播放录像展示各自的教学行为和教学技能，运用微格技能课堂观察表，实现"自评、他评、师评"的立体化评价。评价对象根据评价结果进行反思、再教学、再反思，促进教学技能的提高。

### 二、课堂观察评价维度

课堂教学涉及的因素很多，需要有一个简明、科学的观察框架作为具体观察的"抓手"或"支架"，否则将会使观察陷入随意、散乱的困境。在教学过程中，我们尝试从四个维度：学生学习、教师教学、课程性质和课堂文化构建微格教学评价一级指标，借鉴课堂观察理论分别从不同视角建立二级指标，结合微格教学技能要素、类型、功能等方面对学生的要求对应到不同视角中形成三级指标。每个技能形成 33～37 个观察点，构建出具有三级指标的一系列微格技能观察量表，见表 1-1。

表1-1 微格技能观察量表

| 一级指标 | 二级指标 | 三级指标 |
|---|---|---|
| 学生学习 | 准备；倾听；互动；自主；达成 | 如"互动"中，学生是否有行为变化，与教师是否有共鸣、认同、默契？"倾听"中，学生倾听时，是否有辅助行为 |
| 教师教学 | 环节；呈示；对话；指导；机智 | 如"环节"中，教师是否存在组织听课、观察、讨论、自学、练习？"机智"中，教师处理突发事件是否得当 |
| 课程性质 | 目标；内容；实施；评价；资源 | 如"评价"中，对评价信息是否解释、反馈、改进？"资源"中，预设的教学资源是否全部使用 |
| 课堂文化 | 思考；民主；创新；关爱；特质 | 如"特质"中，哪种师生关系：评定、和谐、民主，效果如何？"关爱"中，师生交流是否平等 |

### 三、课堂观察评价内容

教学技能是教师为了促进学生的知识迁移，表现出来的一种行为方式。教学技能是教师在教学过程中必须具备的基本职业技能，也是微格教学评价的核心。参照国内外对教学技能的分类，并结合宁夏大学化学化工学院多年的微格教学经验，我们将课堂教学技能分为以下12个训练项目：导入技能、变化技能、提问技能、板书技能、讲解技能、组织技能、演示技能、强化技能、语言技能、试误技能、结束技能、信息化教学技能。这些内容不仅能够提高师范生的教学技能水平，将掌握的技能自如地融入到教学过程中，还为师范生的教学技能训练明确了改进的目标，提高了教学技能训练的有效度。

微格评价的具体实施分为两个阶段。第一阶段：组织师范生训练单个技能，师范生需完成教学设计并现场讲课，录制三维（教师教学、学生学习、教学课件）教学视频；评价者根据观察表记录师范生存在的问题并给出教学意见和建议。师范生进行优化后重新讲解，直到达到训练要求为止。第二阶段：组织师范生训练多个技能。师范生选择不同的技能，按照单项技能的操作重复进行训练。我们挑选了2010级部分师范生在教学技能训练时的教学设计、课堂实录呈现在本书中，并运用课堂观察量表对视频录像从学生学习、教师教学、课堂文化、课程性质四个维度进行了分析评价。

在微格教学过程中，为了更加全面地收集反馈信息，微格教学评价有以下三种组织形式：组内评价、组间评价和班级评价。将师范生每4～5人变成一个小组，在教师的指导下直接参与技能训练并观看回放录像，进行自评、互评。在组内评价结束后，各小组之间交换录像，按照同样的方式进行组间评价。最后在全班范围内播放微格教学技能训练录像，师生共同对录像的内容进行客观、真实的评析讨论，根据课堂观察评价量表给出评定等级。

**四、课堂观察评价特点**

课堂观察评价具有以下特点：

（1）评价指标多维。微格评价围绕着学生学习、教师教学、课堂文化、课程性质四个维度进行。当观察者进入课堂观察学生学习时，应关注学生如何学习、会不会学习以及学得怎样？并观察课堂中的其他行为或事件，如教师教学、课堂文化等，通过教师行为的改进、课程资源的利用或课堂文化的创设，直接或间接地影响学生的学习。通过四个维度的观察评价，有利于全面掌握师范生的课堂教学能力。

（2）评价主体多元。评价主体多元化能促进师范生的进步，体现新课程标准对教师的要求。自评是引导师范生对自己进行客观公正的评价，树立自检意识并逐步形成自知、自省、自控的能力。他评是在学生之间互相评价，要先看优点再提不足，从别人的教学中学习可借鉴之处，从而优化自己的教学。师评是教师对师范生的评价不仅具有激励作用，还能促进师范生的发展。评价不再是一个标准、一种形式，而是一种激励。

（3）评价反馈准确。主要指师范生通过评价可以看到自己的成绩和不足，找到或发现成功与失败的原因。增强师范生发扬优点、克服缺点、不断改进教与学的内驱力，是评价是否起到促进师范生发展的关键。课堂观察量表的运用，可以使师范生从4个维度、20个视角、33个观察点准确获悉每项技能训练时的情况反馈，帮助师范生熟练掌握微格教学各项技能的功能、要素、类型及应用要点。

# 第二章 导入技能

好的导入是激发学生学习动机的第一源泉，第一颗火星。

———苏霍姆林

课堂教学的导课环节作为教学艺术中的导课艺术，讲求的是"第一锤就敲在学生的心上"，像磁石一样一开始就把学生牢牢地吸引住。

———李如密

**学习目标：**

**知识：** 了解导入技能的概念、功能，了解直接导入、温故导入、经验导入、演示导入等类型；

**领会：** 理解导入技能的引起注意、激起动机、组织指引、建立联系、进入课题等构成要素和应用要点；

**应用：** 选取中学教材一节内容，编写规范的导入技能教学设计，并反复练讲；

**评价：** 根据学生学习、教师教学、课堂文化、课程性质四个维度，熟练运用导入技能课堂观察量表进行导入技能训练案例评析。

# 第一节 导入技能概述

导入技能是指教师在进入新课题、新章节、新段落、新内容时，以教学内容为目标，运用建立问题情境的方式，形成学习动机和建立知识间联系的一类教学行为。

导入技能的目的是引起学生注意，激发学生兴趣，明确学习目标，使教师和学生以最佳的心理、思维状态进入教学活动。认知心理学家皮亚杰认为，每个学习者头脑中都有一个认知结构，即思维的内部逻辑体系。外界环境的刺激首先作用于认知结构。然而，并不是所有外界刺激都能引起知觉从而产生学习，只有当认知结构与外界刺激发生不平衡时才能引起学习的需要。人的心理有一种倾向，就是总要试图扭转这种不平衡，以达到新的平衡，这就是学习动机。导入技能结构中的各个要素和导入设计的各种类型，都是为这一目的服务的。

现代教育心理学和统计学表明：学生思维活动的水平是随时间变化的，一般在课堂教学开始10min内学生思维状态逐渐集中，在10～30min内思维处于最佳活动状态，随后思维水平逐渐下降。心理学对人的"注意规律"研究表明：人在注意力集中的情况下，更能清晰、完整、迅速地认识事物、理解事物。成功的导入则能在教学中有效地消除其他课程的延续思维，使学生很快进入新课程学习的最佳心理状态，集中学生注意力，激发学生兴趣，激起学生求知欲，提高课堂教学效率，取得事半功倍的教学效果。所以说"良好的开端是成功的一半"，这种现象在心理学上被称为"首因效应"。

# 第二节 导入技能的功能

课堂导入，犹如乐曲的"引子"、戏剧的"序幕"，起着集中注意、酝酿情绪、渗透主题、将学生带入良好学习状态的作用。有效的导入可以激发学生学习的兴趣、动机，调动学生学习的积极性。同时可以使学生学习的思维由浅入深，由表及里有层次地进行，利于学生接受和理解，符合学生的认知规律。

（1）引起有意注意。教育心理学研究表明：注意是心理活动对一定事物的指向和集中，它与认识过程紧密联系，具有组织人们感知、记忆、思维等心理活动的作用，是人们进行学习掌握知识的必要条件。教师在一节课的开始或学习新内容之前，通过导入环节将学生的无意注意转向有意注意，使与教学无关的活动得到抑制，为完成新的学习任务做好心理准备。

（2）激发学习兴趣。爱因斯坦说"兴趣是最好的老师"。兴趣是力求认识某种事物或爱好的心理倾向，这种倾向是和愉快的体验相联系的。良好的导入是激发学生兴趣的关键。在化学教学导入中，教师可运用趣闻轶事、实验、多媒体信息技术来调动学生的积极性，唤起学生注意，激发学习兴趣。有效的导入能够将新内容变成学生的"兴奋"中心，使学生带着浓厚的兴趣去学习。

（3）启发学习动机。学习动机是推动学生学习的内部动力，是激励和指导学生进行学习的必要心理状态，是学生学习的意愿。导入能够创设学习气氛，使学生产生强烈的学习动机，主动、自觉地投入学习中，变被动的"要我学"为主动的"我要学"。

（4）衔接新旧知识。导入是课与课之间的"桥梁"，具有承上启下的作用。在教学开始，学生未意识到认知结构与新知识之间的矛盾。导入是促进学生向最近发展区靠近的有效途径和手段。教师通过精心设计导入环节，建立新旧知识的联系，缩短学生现有认知结构与最近发展区的距离，为深入学习新知识打下基础。

（5）建立学习目标。教学目标是教学活动所要达到的预期结果或标准。学习目标是学生认知发展所要达到的预期结果或标准。教师通过恰当的导入方式，将教学目标转化为学习目标，使学生明确面临的新知识和技能的学习目标、主要内容、教学活动的方向和方式，使学生对新课题学习的重要性、必要性有所感悟，从而产生对学习的期待。

导入技能作为调控教学过程的重要技能，能够在短时间内开拓学生思维，使学生和教师以较好的状态及时进入课堂教学情景，将学生的思维引导到一个特定的问题上来，适时的引导能激起学生强烈的学习兴趣和求知欲望，有利于教与学的双边活动。

## 第三节　导入技能的构成要素

导入是调控课堂的重要方式，课堂导入应该从明确教学内容的知识脉络，探明学生的认知脉络开始，据此设计契合的问题线索，选择恰当的导入素材，创设合理的活动、问题情景。一般包括引起注意、激起动机、组织指引、建立联系、进入课题这五个要素。

（1）引起注意。导入的主要目的是引起学生有意注意，进入课堂学习情境。教师依据教学内容及方法，利用导入材料刺激学生，学生产生相应的心理活动。导入的内容或形式要轻松，应给予学生足够的心理准备；语言简练，只要把学生的注意力集中起来即可进入导入的下一个步骤。引起学生有意注意的表现为：举目凝视、侧耳倾听、瞬间安静、进入思考。

（2）激起动机。学习动机是推动学生学习的直接动力。兴趣是促进学习动机形成的主要成分。通过课堂导入环节，引起学生的观察和认识兴趣，是教师为激发学习动机经常采用的行为方式之一。例如：在讲解原电池时，教师向学生展示水果电池，并向学生提问水果电池导电的原因，引起学生的好奇心，激发学生强烈的学习兴趣。

（3）组织指引。组织指引是预期通过教学，使学生的知识、技能、能力和情感等产生哪些变化，并明确按怎样的程序和运用什么方法去学习。教师在组织指引的过程中，向学生明确任务、说明要求、提出问题。将学生的学习活动引向本课的主题，帮助学生建立学习情景与学习内容的联系。

（4）建立联系。建立联系是指教师在导入中帮助学生建立新知识与原有知识经验间联系的一种方法。化学知识点彼此之间有着内在的联系，学习新的内容必须在旧知识基础上进行，在原认知的基础上形成新概念，符合学生学习的心理要求。以新知识为核心，通过陈述和设疑将新旧知识有机地联系起来。只有这样，才能使师生在新知识的学习上达成共识。

（5）进入课题。在一个完整的导入过程的结尾阶段，教师应该通过语言或者其他行为方式（停顿、板书教学内容），使学生明确导入的结束和新课学习的开始。

---

**案例：　　　　　　　　　　二氧化硫的性质**

引起注意：二氧化硫已成为学生食品安全的一大隐患，假如同学们去购买银耳，你将会选择下列图中的哪一种？（电子白板展示图片）快速将学生注意力集中于新课题学习中。

激发动机：电子白板展示两种截然不同的银耳，第一种色泽暗淡，性状干枯；第二种个体丰满，颜色润白。学生第一反应都是选择卖相好的，后来有学生表示卖相好的可能是经过二氧化硫漂白的。教学中心围绕日常生活最紧密的食品安全问题，设计的问题对学生的知识、情感、能力产生强烈刺激，激发学习内驱力。

组织指引：请同学们观看视频后小组讨论不法分子是如何进行食品"美白"的？播放央视《生活》报道："银耳竟用二氧化硫熏致癌物超标百倍"。

建立联系：我们已经学习了元素化合价的变化，已知用于银耳漂白的物质是二氧化硫，二氧化硫中的硫是几价？硫单质从零价到正四价，化合价升高，物质性质会发生哪些变化？

进入新课：下面让我们共同探究二氧化硫的性质。

---

# 第四节　导入技能的类型

不同内容采取不同导入方法，同一内容也可采用不同导入方法，收获别样精彩。有时开门见山，切中要害；有时顺藤摸瓜，演绎推理；有时设置情景，如临其境。化学课堂教学常用的导入类型有以下七种。

## 一、直接导入

直接导入就是教师直接阐明学习目标和要求以及本节课的教学内容和安排，通过简短的语言叙述、设问等引起学生的关注，使学生迅速地进入新课学习。直接导入的优势表现为：迅速定向，使学生对本节课的学习有一个总的概念和基本轮廓；节省教学时间，尽快地进入新内容的学习。直接导入较适用于连续性教学的后续课导入、教学内容条理性强的导入和新领域的导入。从学生原有的认知结构中不易找到知识的"生长点"，新知识的学习方法和学习程序没有适当的范例借鉴运用或者出于简化导入过程以优化课堂教学整体过程的考虑，均可选择直接导入。

---

**案例：** **氯碱工业的生产原理**

上节课我们学习了氯气的实验室制法，这节课我们通过探究实验——电解饱和食盐水，学习以食盐为基础原料的工业——氯碱工业的生产原理。

学生已知氯气实验室制法的基础，可通过直接导入法说明氯碱工业的原理。

---

## 二、温故导入

联系旧知识即温故导入，常在一节课或一个专题讨论之前用相关的知识引入新课题。教师通过学生已习得的知识，引出与之相似的、相反的学习内容。根据本节课需要，利用精心设计的问题串，通过学生的回答归纳总结答案，自然地导入新课。联系旧知识导入时应注意：要提示或明确告诉学生新旧知识的联系点，以引导思考，从而明确新旧知识间的联系。通过有针对性的复习为学习新知识做好铺垫，同时在复习的过程中通过各种巧妙的方式设置梯度性问题，使学生思维出现困惑，从而激发学生思维的积极性，创造学习新知识的契机，能够加深并反馈学生对旧知识的掌握，是深受教师喜欢的引入方式之一。

---

**案例1：** **铁与水的反应**

请同学们回忆金属活动性顺序表？（学生基本都能做到）回答不错，我们已经学过 Na、Mg、Al 这三种金属，请同学们回答这三种金属与水反应的条件和产物。（学生基本能写出）从上述三个反应中我们能归纳出什么结论？请运用上述规律来推测铁与水反应的条件，反应的产物可能是什么？

分析：根据学生掌握的金属活动性知识，通过对已学金属与水反应的规律进行归纳总结，引导学生进行自我推理得出铁与水的反应条件，并鼓励学生充分展开推测与分析，有效调动并发散学生的思维。

---

---

**案例 2：**　　　　　　　　　　**原电池的原理**

让一位学生上黑板写出铁与稀硫酸反应方程式，提问"铜能不能与稀硫酸反应呢？铁与稀硫酸反应放出氢气？"老师用导线将铁片与铜片连接，一同插入含稀硫酸的烧杯中，请同学们仔细观察铜片附近的变化。追问到"为什么在铜片上放出氢气，而铁片上没有？"（学生议论纷纷，有的已经能联系到与原电池有关）由此导入原电池的原理及其应用。

回忆以前所学知识，学生对新旧知识的不同感到疑惑，激发学习动机，做好知识准备。

---

### 三、经验导入

经验导入指教师以学生已有的生活经验、现象、事实作为切入口，引导学生进行新知识的学习。将经验比作"针"，新知识就是"线"，导入就是在"穿针引线"。这种方式有利于加强书本知识与实际生产、生活的联系，提高学生运用理论知识解决实际问题的能力。感受生活的同时学习知识，实现从感性认知到理性认知的升华。

---

**案例：**　　　　　　　　　　**分子的性质**

上课伊始，教师在黑板上写到"100 + 100 ？ 200"，学生对"？"产生兴趣。教师演示将100mL 黄豆和100mL 绿豆，倒在一个容器并摇匀，学生发现总体积小于200mL，这是为什么呢？（豆子大小不一，绿豆可以填补在黄豆缝隙）教师继续演示将100mL 的酒精倒入100mL 水中，体积为什么小于200mL？由此导入分子的性质的学习。

提出问题（教师从最简单的数学计算制造争议），激发学生兴趣。验证假说（演示两个生活化的实验），引起学习动机；归纳总结（学生解释原理，教师补充）；理论延伸（教师将宏观与微观粒子建立联系），最后引入新课。

---

### 四、演示导入

演示导入是指教师通过实物、模型、图片、投影、幻灯片、录音、视频、实验等直观手段，创造强烈的试听效果、逼真的现场，吸引学生进入学习情境。激发学生动机，培养学生的观察力，帮助学生理解抽象知识，加深学生对知识的印象。在演示导入时，教师应该不时地提供直观材料，以指明学生的思考方向。

**案例：**　　　　　　　　**初三《绪言》**

在学习"绪言"时，通过神奇的魔壶实验引入本课，（将一只普通的茶壶举起）我有一个宝壶，我想喝什么饮料，它就能倒出什么饮料。（自言自语）先来杯牛奶吧。取一小玻璃杯，从茶壶中倒入少量无色液体，杯中出现乳白色。天热，喝杯汽水怎么样？取一小玻璃杯，从茶壶中倒入少量无色液体，杯中出现大量气泡。还想喝什么？酒？再来杯葡萄酒？你们不能喝酒的。取一小玻璃杯，从茶壶中倒入少量无色液体，杯中出现桃红色液体。（学生惊讶不已，议论纷纷，猜测不断）想知道宝壶的奥秘吗？学好了化学，你将会了解生活中的许多奥秘。

## 五、悬念导入

悬念导入从"疑"入手，使学生的大脑皮层兴奋中心迅速形成，激起学生了解问题和解决问题的兴趣和需要，为提高教学效果创造条件。悬念的设置要从学生出发，做到恰到好处，要能使学生暂时处于困惑状态，使学生不会轻易理解，失去兴趣，也不会使学生无从下手，挫伤求知的积极性，而是要达到一种"心求通而未得，口欲言而不能"的情境。

**案例：**　　　　　　　　**故事悬念，娓娓动听**

俗话说：水火不相容。可是，在一望无际的大海上却燃烧起熊熊大火。1977年11月9日，在印度东南部的马德里斯某一海湾的水域内，发生了一场大火。当时，海上风浪已经接连数日没有停息了，这天，一阵强大的飓风过后，海面上突然燃起熊熊大火，颇为奇观，火光照耀四周数十公里。当时，熊熊烈火，剧烈的火焰竟使海天连成一片，形成半壁红形壮观奇妙的景观，目击者无不目瞪口呆。海水为什么起火？这跟水的组成关系密切，我们来了解一下水的组成。

## 六、趣味导入

教师通过利用古诗、谜语、游戏进行导入，有利于激发学生的求知欲，有利于对化学知识的理解与记忆，有利于学生从化学的角度体会中华文化的博大精深。

**案例：**　　　　　　　　**舌尖感受水果电池**

教师说：同学们，假如生活中没有电，世界会怎样？电从哪里来？（学生议论纷纷）（教师课前用两个西红柿、铜、锌两个电极等制作一个水果电池）你曾亲身体验过趣味实验的神奇吗？你有积极参与趣味实验的兴趣吗？那么欢迎你来亲身体验吧。今天的体验内容是"用舌尖感受水果电池的电流"。（学生跃跃欲试，感受到麻麻的感觉，学生开始猜测电流来源）你的感受与1780年一位意大利解剖学家伽伐尼不谋而合，那谜底到底是什么，让我们来做个实验便可知晓。

教师设计水果电池让学生体验电流活动，这个大胆的想法以及富于感染力的语言使得学生的反应相当热烈，在课堂掀起高潮，充分激发学生的学习兴趣。探究实验更是拉近学生与科学家的距离，鼓励学生积极尝试沿着科学家的足迹体验发现的过程，体验实验的重要性，理解科学的本质。

## 七、情境导入

教师通过语言描绘情境，通过音乐渲染情境，通过画面再现情境，通过表演体验情境，使学生展开丰富的想象，产生如闻其声，如见其形，置身其中的感受，从而唤起学生强烈的情感体验，使学生情不自禁地进入学习情境。

**案例：** **物质的量**

情境一：投影曹冲称象图。分析：学生体会"化整为零"的思想。情境二：投影一粒米的图片，怎样得到它的质量？分析：逆向思维"合零为整"，先称100粒大米的质量，再除以100。情境三：投影模拟的碳原子图形，100个碳原子放在天平上的模拟示意图，播放动画（实际静态，天平未动），投影画面不断变化，逐渐增加碳原子数量至1万倍、1亿倍，达到一个巨大的数目时，天平动了。教师讲解：物质的量正是把微观与宏观联系起来，把难以称量的微观粒子变成可以称量的宏观物质。情境四：熟悉其他几个国际物理量和单位，让学生进行连线。情境五：投影出一个卡通气球，球内有许多分子，球外有两个注释：数目为$6.02 \times 10^{23}$，物质的量为1mol。分析：学生很快明白了物质的量的含义及其与阿伏伽德罗常数之间的关系，并能够依此自行推断出"$N = n \times N_A$"这一基本公式。

利用多媒体创设情境串。努力挖掘学习内容所蕴含的创造性因素，把握学生各方面的素质和水平，创造富有变化、能激发新奇感的情境。要在实际的教学过程中做到有的放矢，灵活地运用情境创设方法，使自己的课堂教学充满活力与激情，实现教学效益的优化。

吕叔湘先生说过："成功的教师之所以成功，是因为他把课教活了。如果说一种教学法是一把钥匙，那么在各种教学法之上还有一把总钥匙，就是'活'。"新课的导入方法多种多样，无论采取何种导入方式都要从教学的实际出发，培养学生的思维能力，启发、引导学生从不同角度去思考问题，获得学习的愉快体验。

# 第五节　导入技能的应用要点

教师只有清楚地认识导入技能的应用要点，才能在教学中准确无误地运用并发挥作用，发挥导入的作用。运用导入技能时应注意以下五点：

（1）指向明确。教师要明确导入技能的目的，围绕教学目标、教学任务、教学重点设置教学情境，通过问题情境使学生初步明确"要解决什么问题，如何解决，解决到什么程度"。与教学无关的不要硬凑上去，不能单纯追求形式，让导入内容游离于教学内容之外，应通过合理的导入明确教学内容。

（2）关联紧密。导入的关联性包含两方面：一方面是指导入的问题情境的设计要与学生的年龄及思维特点相适应，尽量选择与学生的实际生活相关的事例，这样才容易引起学生的注意和兴趣。另一方面是指在导入阶段要善于温故知新，揭示新旧知识的关系，使导入的内容与新课内容密切相关，如果导入与内容脱节，容易给学生留下疑惑，不利于知识理解。

（3）启发迁移。导入要有利于引起注意、激发动机、启迪智慧，能激起学生思维，调动求知欲，尽量做到"道而弗牵，强而弗抑，开而弗达"。因此导入语必须具备沟通、引趣、设疑、激情、富于启发性的特点。启发性导入应给学生思维留白，让学生能够由"此"到"彼"，由"因"到"果"，由"表"到"里"，由"个别"到"一般"，达到启发迁移的教学效果。

（4）控制时间。导入的时间要适当，一般以 2～5min 为宜。若导入时间过长，会分散学生的注意力，影响教学进度。

（5）讲求艺术。导入要新颖、引人入胜，使学生产生探究的欲望和认识的兴趣。教师富于感染力的语言和激情投入决定了导入的艺术性。导入运用简洁、富于感染力的语言，力求做到恰到好处，避免漫无边际的"兜圈子"。

# 第六节　导入技能案例评价

## 一、导入技能课堂观察量表

表2-1 为导入技能课堂观察量表。

**表2-1　导入技能课堂观察量表**

| 一级指标 | 二级指标 | 三 级 指 标 | 权重 | 得分 |
|---|---|---|---|---|
| 学生学习<br>（25分） | 准备 | 1. 学生课前是否准备用具（教科书、笔记本、学案）<br>2. 学生对新课是否进行预习 | 0.04 | |

| 一级指标 | 二级指标 | 三级指标 | 权重 | 得分 |
|---|---|---|---|---|
| 学生学习<br>(25 分) | 倾听 | 3. 学生对导入方式是否感兴趣<br>4. 导入开始时，学生是否积极参与<br>5. 导入结束时，学生是否积极参与 | 0.07 | |
| | 互动 | 6. 学生能否积极回答教师提问<br>7. 学生能否主动参与讨论 | 0.04 | |
| | 自主 | 8. 学生能否进行自主学习<br>9. 学生自主学习效果如何 | 0.04 | |
| | 达成 | 10. 学生对导入方式是否认可<br>11. 学生能否回想起旧知识，明确学习内容 | 0.06 | |
| 教师教学<br>(35 分) | 环节 | 12. 教师是否正确建立符合教学需要的导入情境 | 0.05 | |
| | 呈示 | 13. 教师是否暗示学生进入导入环节，唤醒学生注意<br>14. 教师是否教态自然，具有感染力，亲和力<br>15. 教师是否语言流畅，表达清晰，用语规范，精炼 | 0.11 | |
| | 对话 | 16. 新旧知识是否联系紧密，目标明确 | 0.05 | |
| | 指导 | 17. 教师采用何种导入方式（联系旧知识、情景、直接、类比、演示、趣味等），效果如何<br>18. 教师采用何种教学媒体辅助导入课题（挂图、模型、音频、视频、PPT 等），效果如何 | 0.08 | |
| | 机智 | 19. 根据实际情况，导入环节是否有所调整<br>20. 教师处理突发事件是否得当 | 0.06 | |
| 课程性质<br>(20 分) | 目标 | 21. 目标是否适合学生水平<br>22. 课堂有无新的目标生成 | 0.04 | |
| | 内容 | 23. 内容是否凸显学科特点、核心技能及逻辑关系<br>24. 容量是否适合全体学生 | 0.05 | |
| | 实施 | 25. 教师是否关注学习方法的指导 | 0.03 | |
| | 评价 | 26. 教师如何获取评价信息（回答、作业、表情）<br>27. 教师对评价信息是否解释、反馈、改进 | 0.05 | |
| | 资源 | 28. 预设的教学资源是否全部使用（挂图、模型、音频、视频、PPT 等） | 0.03 | |
| 课堂文化<br>(20 分) | 思考 | 29. 全班学生是否都在思考<br>30. 思考时间是否合适 | 0.05 | |

续表2-1

| 一级指标 | 二级指标 | 三 级 指 标 | 权重 | 得分 |
|---|---|---|---|---|
| 课堂文化<br>（20分） | 民主 | 31. 课堂氛围恰当，文化气息浓厚，师生互动及时<br>32. 课堂上学生情绪是否高涨 | 0.06 | |
| | 创新 | 33. 教室整洁，座位布置合理，便于教师走下讲台，与尽可能多的学生互动交流 | 0.03 | |
| | 关爱 | 34. 师生、生生交流平等，尊重学生人格 | 0.03 | |
| | 特质 | 35. 哪种师生关系：评定、和谐、民主，效果如何 | 0.03 | |

## 二、导入技能教学设计案例

课题：元素周期表（人教版高中化学必修二第一章第二节第一课时）

训练者：徐迎丹　　　　　　　　时间：4.5min　　　　　　　成绩：86

教学目标：1. 知道元素周期表的相关知识；

　　　　　2. 了解元素周期表的重要性。

| 时间 | 教 师 行 为 | 学 生 行 为 | 技能要素 |
|---|---|---|---|
| 25s | 【说话】同学们好，现在我们开始上课，起立 | 学生起立 | 提醒注意 |
| 35s | 【设问】大家还记得我们在初次学习化学绪论的时候，化学是怎样被定义的？<br>【复述】对，请坐，这位同学回答得非常正确，化学是一门以实验为基础的科学 | 【回答】化学是一门以实验为基础的科学 | 引起注意，进行评价 |
| 43s | 【讲述】而实验的发生建立在化学反应之上，化学反应的发生离不开物质，而物质是由元素及其化合物组成的，所以学习元素是多种多样的，它们构成了元素周期表 | 【联想】反应→物质→元素→元素周期表 | 激发学生学习元素周期表的动机，引起兴趣 |
| 3min | 【讲述】大家有没有见过元素周期表，可能大家见过最常见的元素周期表。那么我们所描述的元素周期表到底长什么样呢？接下来老师就带领大家来认识各式各样的元素周期表。<br>【展示PPT】（1）这个是我们最常见的元素周期表；（2）这个是一个立体的元素周期表；（3）这个是一个关于元素周期表的建筑物…… | 【质疑】元素周期表的形状。<br><br>观看PPT，思考元素周期表空间结构 | 启发学生思考。<br><br>将知识、图片、生活紧密结合，建立联系 |
| 3.5min | 【讲述】大家看了这么多的元素周期表，同时我们也知道随着化学科学的不断发展，元素周期表中被前人留下来的空位先后被填满，形成了一个完整的体系，是化学发展史上的重要里程碑，所以我们学习它有着特殊的意义 | 【生成】元素周期表的来源；在化学史上的重要性 | 组织指引，突出重要性。<br><br>绘声绘色，讲解声情并茂 |

续表

| 时间 | 教 师 行 为 | 学 生 行 为 | 技能要素 |
|------|-----------|-----------|---------|
| 4min | 【设问】说了这么多，那么元素周期表到底与我们的化学学习有什么关系呢？<br>【讲述】其实，它是我们学习化学的重要工具，也是高考中必不可少会被考到的知识点。首先，我们可以通过元素周期表对比、记忆性质相似的元素，其次，我们还可以通过它学习金属与非金属的关系与区别等。另外，更值得一提的是，在高考中，运用此部分知识来解答的题目不在少数，而选修《物质结构与性质》的十几分大题中，此部分一般都会必不可少地被用到 | 【生成】元素周期表在高考中的地位及所占分值。加深学生对此知识的好奇，提高兴趣 | 通过分析元素周期表及相关知识在考试中的地位——主观题中出现，分值较高，再次唤起学生注意 |
| 4.5min | 【讲述】通过刚才周期表的展示以及元素周期表重要性的讲述，相信大家都有了迫不及待想要学习它的冲动。那好接下来，老师将带领大家学习元素周期表的内容，共同来感受它的神奇之处 | 唤醒注意；进入新课学习 | 唤起兴趣，进入课题 |

### 三、导入技能教学案例评价

导入可以提供必要的信息，给予适当的刺激，引起和集中学生的注意，自觉进入特定的教学环境中即学习准备状态，为学生新课题做好心理准备。通过导入技能，易调动学生对新课的兴趣和学生对新课学习的热情，使老师的教学目标轻松完成，易有积极性和老师配合，达到师生思维同步。下面将从四个方面对徐老师的导入教学片断进行分析、评价。

（一）学生学习维度

（1）准备。徐教师在上课的时候没有设计检验学生预习情况的环节，直接通过回忆旧知识导入新课，因此，对学生的课前预习情况无法检测。通过学生上课和教师的互动情况推测，学生在课前有较好的预习，对所学知识有简单的了解。

在真正的课堂中，每节课的导入尤为重要，教师在教学设计时，应考虑对学生的检测，可以设计成教学环节，既可以节省时间，同时减少了学生学习的惰性，培养良好的习惯。

（2）倾听。徐老师通过复习化学学科所研究的内容来导入新课，从一开始就抓住学生的学习兴趣，使学生的注意力一直集中在徐老师对课堂的把握上。徐老师层层深入（"化学是一门以实验为基础的科学"→"实验的发生离不开化学反应"→"化学发生离不开物质"→"物质的组成离不开元素及其化合物"→"元素周期表"），学生的思路紧跟教师的讲课思路，学生能很好地进入上课状态，态度端正。学生在课堂的表现取决于教师对整堂课的精心设计和控制。纵观这个导课过程，学生由开始的疑惑到注意力集中，最终明确教师导课的目的，有效地建立了有关元素周期表的认知体系。

（3）互动。整个导入环节，教师设置的互动环节较少，学生在教师的指令下，能够认真地观看有关元素周期表的图片。但教师播放的图片过于繁多，没有代表性，学生也只是一味地观看，没有提出自己的质疑。在以后的教学中我们应该鼓励学生在获得新知识的同时学会质疑。其次，本节课中学生认真倾听知识，积极思考并回应老师所提出的问题。虽然辅助了多媒体，但是由于问题设置过少，无法检测学生的学习状况，不能很好地调动课堂气氛。

（4）自主。教师的教学设计环节不断激发学生学习的主动性和积极性，整节课学生学习热情高涨，复习旧知识的同时对新知识有了初步的了解，有助于进一步学习。对于教师而言，教学中应根据实际情况设计学生自主学习环节，让学生在学习的过程中体会角色的转换，不仅是知识的接受者，也是知识的生成者，让学生在学习中体会知识获得的过程。

（5）达成。通过多次观看、分析导入技能微格教学的视频得出结论，学生通过徐老师的导入，能够清楚地明白元素周期表在整个化学学科中的重要性，也了解了其在高考中的地位。而徐老师整个导入环节的设置，缺少更多的新意，在真实课堂上可能做不到引起所有学生的高度注意和学习兴趣。建议所有的师范生，能够在整个教学的导入环节根据课程和学生的实际情况，设计出使学生更好地掌握知识的环节。

（二）教师教学维度

（1）环节。徐老师提问绪论中对"化学"的定义，并叫学生回答问题。通过学生回答，使学生加强对旧知识的巩固，很好地引入新知识。利用学生结合身边常见的事物来充实教学课堂，体现了元素周期表的重要性和多样性，也让学生体会到元素周期表的趣味性，增加了学生对元素周期表了解的欲望。最后，组织练习各种知识使学生增加了对学习新课的热情，激起学生对元素周期表的概念、功能和作用的探究。

建议：在给学生展示多种元素周期表后，通过整理小结，继续引入元素周期表。

（2）呈示。徐老师的教态大方、得体，整个导入过程时间短，讲解清楚明白，新课导入效果显著。同时，学生的积极性高涨，气氛活跃。但徐老师授课有时不太流畅，可能是紧张或者对教学设计不熟悉造成的。作为一名合格的教师，从师范生阶段开始，就要时刻克服上讲台紧张的尴尬局面。"台上一分钟，台下十年功"这是对教师行业最好的诠释，在正式讲课之前，一定要对讲稿、授课环节十分熟悉，才能在讲台上如鱼得水，机智地处理突发状况。

（3）对话。徐老师语言组织得较好，从实验、化学反应、物质、物质的性质以及元素的性质引出元素周期表，教学目标明确。通过分析得知，整个导入的 3min 里，都是徐老师"自编自导自演"，缺少学生配合的设计，教学效果欠佳。在教学过程中是否设计、何时设计学生的参与，需要教师整体把握教材、教法、教学，但使学生最大程度地接受知识是教学设计的前提，需所有教师酌情考虑。

（4）指导。徐老师导入方式得当，采用回忆旧知识法，从"化学"的定义过渡到"元素周期表"，环环相扣，导入目标明确。整个导入过程使用 PPT 这一媒体，适时地展示了各种元素周期表及相关知识。在展示图片的过程中，缺乏精心挑选的过程，展现的图片多而杂，使学生眼花缭乱，不利于知识的传授。建议化学师范生在使用媒体时，多参考优秀教师课件，"取其精华，去其糟粕"。

徐老师通过板书引入课题，但板书的书写不尽如人意。粉笔字是教师的基本功之一，平时要多加练习，达到"不求美丽，但求工整"的训练目的。粉笔字的呈现能够辅助学生记忆、掌握知识，师范生在实施过程中要时刻考虑美观、方便记忆的前提，精心设计板书。

（5）机智。徐老师播放完各种元素周期表的图片后，讲解重要性时出现笑场，能够及时控制局面。化学师范生在进行微格教学训练时，要多考虑课堂突发事件，做到能够适时地控制课堂，要求平时训练时，提高对自己的要求，珍惜每一次训练的机会，学会控制在讲台上的情绪。突发事件不可避免，要求准教师们能够预想可能发生的各种情况，做好充分的准备，但不要害怕突发状况的发生，每一次状况的解决都是能力的提高。

（三）课程性质维度

在教学目标的设置上，整个导入环节就是让学生初步知道元素周期表的概念及重要性。结合徐老师的导入，环节设置上符合学习目标，通过讲授使学生了解本节知识点的重要性，激发了学生继续学习欲望，但没有生成新的教学目标。徐老师通过回忆初中的知识点，引起学生对元素周期表的重视，从学生基础上分析，符合学生的认知特点。

教学内容适量，在 3min 的导入过程中，完成了预设教学内容的学习。

整个导入环节，徐老师选择讲授式教学，重视课程的导入和新旧知识的衔接，适合教学目标的设置，体现了前后联系的化学学科特点。缺少情景创设，列举元素周期表的图片不能很好地激发学生对知识的想象，因为图片过多忽略对学生学法的指导，纯粹为了课程进度而讲课。

纵观教学评价与生成，教师缺乏检测环节，即使是课程的导入，也可设置互动环节，询问学生是否明白其重要性等。教师没有注意学生表情的变化，对于复杂的图片，有的学生从表情里已经表现出迷惑，教师没有注意，对课堂突发事件的处理欠妥。教师应该随时根据学生的具体反应改变教学，从而达到更好的教学效果。

教师运用媒体技术娴熟，但应该在媒体内容的选择上多下工夫，方能展现当代教师良好的信息技术素养。

**（四）课堂文化维度**

学生边听讲边思考，能够在老师引导下得出结论；学生认真听讲，积极配合学习进度。徐老师在整节课中目光分配合理，兼顾前排和后排的学生，学生的人格得到充分的尊重。面对教师的笑场，学生能够充分理解，对教师给予尊重，整体上营造出和谐的教学氛围。

良好的课堂文化，关注整个课堂，是课堂中各要素多重对话、相互交织、彼此渗透形成的一个场域。课堂文化的养成，不在朝夕，要求教师在日常的教学中不断渗透，和学生培养良好的师生关系，才能保障正常的课堂秩序以及化学知识素养的形成。

综上，徐老师的导入技能教学片断整体上达到训练目标，导入技能的运用适合本节课，但导入用时较短，没有达到 5min 的要求。学生积极性的调动不是很明显，导入新课的学习略显仓促。徐老师使用联系旧知识法，在她的组织引导下，学生观看图片，并进行较好的思考，对教学目标的达成起到了一定的作用。但其中部分环节欠佳，如果再稍加改动，新课的导入会取得更好的效果。

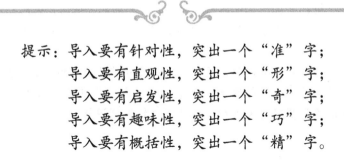

提示：导入要有针对性，突出一个"准"字；
导入要有直观性，突出一个"形"字；
导入要有启发性，突出一个"奇"字；
导入要有趣味性，突出一个"巧"字；
导入要有概括性，突出一个"精"字。

# 第三章 变化技能

变化技能是教师运用变化信息的传递方式及教学活动的形式等手段改变对学生的刺激，引起学生的注意和兴趣，减轻学生的疲劳，维持正常秩序的一类教学行为。

——朱嘉泰

**学习目标：**

**知识：**了解变化技能的概念、功能，了解教学媒体的变化、师生相互作用的变化等类型；

**领会：**理解变化技能的做好铺垫、变换方式、师生互动、运用语言等构成要素和应用要点；

**应用：**选取中学教材一节内容，编写规范的变化技能教学设计，并反复练讲；

**评价：**根据学生学习、教师教学、课堂文化、课程性质四个维度，熟练运用变化技能课堂观察量表进行变化技能训练案例评析。

# 第一节　变化技能概述

变化技能是指教师通过变化教学媒体，变化师生相互作用的形式，以及对学生的刺激方式，引起学生的注意和兴趣，减轻学生的疲劳，维持正常的学习秩序的一类教学行为。变化技能离不开教师的机智教学，教师根据课堂实际情况，通过语言、情感、教态、媒体的变化与学生的接受水平相匹配，随时给学生以新的刺激，不断激发学生学习的兴趣，调整和控制学生学习的注意力，这是顺利进行教学，完成教学目的的基础。

心理学研究表明：变化通过各种刺激达到吸引注意力的目的，刺激的变换能使大脑不断转换兴奋中心，形成注意的持续兴奋状态，要保持注意的稳定性，应使其所进行的活动多样化。变化技能也称为变化刺激的技能，各种刺激的变换可以传递丰富的信息，教师在课堂上采用变化技能，使教学过程富于活力，将学生的无意注意转为有意注意，持续吸引学生注意，从而提高课堂教学效率。在教学过程中，教师整节课采用单一的教学方式，缺乏变化的起伏，都不利于学生记忆。在教与学的双边活动中，改变课堂的教学节奏，能充分发挥学生的主体地位，激发学生学习的主动性、创造性。因此，针对不同的教学内容、教学任务要求教师选择合适的教学媒体、师生相互作用，更好地传递教学信息。

# 第二节　变化技能的功能

变化技能运用的实质是"导"，体现教师的主导作用，调动学生的学习积极性，集中学生的注意力，让学生用各种感官去接受知识与技能，使学生理解、掌握和主动探索教学内容中所包含的知、情、意、行。这是一个复杂的、多层次的心理认识过程。其功能主要体现在以下四点：

（1）唤起并保持注意力。教师在课堂上组织好学生的注意是教学成功的重要条件。学生的注意是在学习过程中形成的，教师运用变化技能，可以起到指导和控制学生注意的作用，将学生的无意注意转化为有意注意。在课堂上，学生只靠无意注意来学习，难以完成学习任务；若过分要求学生依靠有意注意来学习，则易引起疲劳和注意涣散。因此，教师应考虑到使学生上述两种注意有节奏地交替转换，让学生的思维有"张"有"弛"，才能保持大脑清晰。

（2）调动并激发求知欲。学生对教材中的内容各有偏爱，学生的学习兴趣不一定与教学活动合拍。教师通过变化教学媒体、教学活动可以刺激学生的视觉、听觉等多种感官，调节学生的情绪，激发学生的兴趣。在原有认知基础上产生更高水平的求知欲，引起强烈的探究欲望，促使学生对教学活动保持注意力，加快学生从无意注意向有意注意转化的过程，提高学生注意的指向性和稳定性，减轻学习疲劳。

（3）兼顾不同认知水平。学生的认知水平有差异，需要区别对待，因材施教，才能调动不同层次学生学习的积极性和主动性。在课堂教学中，通过师生多角度、多层面、多次数的交流，变换刺激形式，让不同层次的学生有机会参与到教学活动中来。教师运用多种教学手段针对学生的不同特点设计教学活动，可以最大限度地调动学生学习的积极性。运用变化技能有针对性地对不同水平的学生采取不同的表达方式，使不同层次的学生顺利地接受信息。

（4）领会并理解知识。学生学习化学知识，在很多情况下是从感知开始的。在教学中只有适时、适当地选择和利用各种信息传输通道，尽可能地调动学生的不同感官，全面地向学生传递清晰而有意义的教学信息，才能使学生较好地领会和理解知识。这不仅利于增强学生对知识的系统掌握和对遵守实验操作规程重要性的认识，而且有利于培养学生思维的严密性。

教师运用变化技能把一节课上得充满生气与活力，既能体现循循善诱，诲人不倦的师德，更有利于师生间的感情交流，形成愉快和谐的课堂气氛。

## 第三节　变化技能的构成要素

变化技能是一项调控教学的重要技能，一般包含做好铺垫、变换方式、师生互动、运用语言、使用媒体五个要素。

（1）做好铺垫。教师根据教学设计，结合实际教学情况，及时变化教学方式，但变化前需做好铺垫，为学生提供心理准备。教师用精炼准确的语言向学生说明即将采取的教学方式，使变化的出现流畅、自然。避免人为割断教学活动的连续性和一致性，也不会干扰学生的注意，打断学生思维。

（2）变换方式。根据教学内容和学生听课情况，采用各种变化方式向学生传递信息。在教学过程中，教师尝试使用音频、视频、图片、实验等不同方式，图文并茂地传授知识，从视觉、听觉等方面对学生进行感官刺激，活跃课堂气氛，调动学生参与，帮助学生领会学习内容。

（3）师生互动。教学过程是师生的双边活动。在这一过程中，要求教师充分扮演好"指引者""参与者""组织者"的角色，学生努力做到认真听讲、积极配合、主动参与，形成师生互动的和谐氛围。努力做到教师每一次的变化，学生每一次的参与，都有利于知识的领会与掌握。

（4）运用语言。教师根据实际教学情况，做到语音轻重相间，语气变化得当，语调抑扬顿挫，语速快慢适中。通过语言的变化，突出教学的重难点，反映教学内容的关键点，创造亲和悦耳的话语情景，不断激起学生的兴趣。

（5）使用媒体。教师在教学过程中，使用单一的教学媒体及一成不变的信息传送通道，会阻碍知识的有效达成。变化教学信息通道和教学媒体，可以增强教学效果。教师在选择媒体时，要根据教学任务的特点、教学内容要求、学生学习的情况，适当变换。

---

**案例：**　　　　　　　　　　**离子键**

做好铺垫：同学们，氯化钠是由哪些离子构成的？这些离子是怎样形成氯化钠分子的？（学生基本能回答第一个问题，第二个问题无法正确作答）下面通过三个探究活动解答这个问题。

变化方式：探究活动1：演示实验，钠在氯气中燃烧，学生回顾钠的相关知识，记录实验现象。探究活动2：播放视频，钠原子和氯原子通过得失电子形成阴、阳离子，从得失电子入手，分析氯化钠的形成过程。探究活动3：学生分小组讨论，归纳氯化钠晶体中钠离子和氯离子之间存在的相互作用、产生的条件。

师生互动：教师讲解（通过语音、语调、语速的变化），师生共同归纳小结离子键的概念及相关知识。布置练习题，反馈巩固知识。

---

# 第四节　变化技能的类型

化学教学中的变化技能大体可以分为教学口语的变化、教学体态语的变化、教学媒体的变化、师生相互作用的变化和教学节奏的变化五种类型（其中教学口语的变化、教学体态语的变化见语言技能第三节）。

## 一、教学媒体的变化

在教学中教师始终运用同一信息载体作用于学生的同一感官，学生必会感到疲劳，应适时适量地变换信息传输通道。教师应根据教学情况，交替使用视觉、听觉、触觉通道和学生操作，适时综合采用以下三种教学手段的变化：

（1）教科书。教科书是学生进行学习的主要依据，是教师进行教学的主要依据，是确定本学科的主要教学活动、课外活动、实验活动或其他社会实践活动的主要依据。要合理利用教科书，给学生提供自学的机会。在适当的时候组织学生阅读教科书，了解化学史实资料和化学相关的课程资料，培养学生发现问题、解决问题的能力和化学科学素养。

（2）实验。在化学教学过程中，许多概念、原理、规律的引入都是从实验展开并最终由实验加以论证。教师通过演示实验，引导学生观察，认识物质的性质及变化。教师在演示实验时，同时进行必要的提问、设问及讲解，使学生能够视听结合地接受知识。

（3）电教手段。化学教学过程中，通过利用幻灯片、投影、音频、录像、电子白板等现代化视听工具辅助教学是完成教学任务的主要方式。恰当地选择和使用电教手段，充分利用电教媒体动、静结合，色彩丰富逼真，立体形象等特点，针对不同的教学内容加以运用。

---

**案例：** **魔术表演"滴水点灯"**

在课前预先将一小粒钠悄悄藏在酒精灯的灯芯中，并盖上灯帽，与此同时让学生阅读课本。请问同学们能否用滴管中的水点着这个酒精灯？（学生都摇头表示不能，老师邀请一位学生上台检查酒精灯和洗瓶，学生没有发现什么不同，表情有点勉强，老师鼓励他试一试）当滴入 2 滴水后，酒精灯微微冒烟，突然，燃起火。老师故意夸张地问"难道它有特异功能"？（学生都摇头，肯定加了什么物质）老师坦白酒精灯藏了一块钠，学生分析钠肯定与水反应产生热量引燃酒精。老师又说刚才是几滴水，若将钠直接加到大量水中呢？下面请同学们观看视频——钠与水的反应，并设计表格记录实验现象，之后小组讨论解释出现的原因。

老师授课时用到声音的变化、动作的变化及教学媒体的变化。利用化学实验原理设计魔术表演，吸引学生注意力，将教师演示实验变为师生合作，创造出不可思议的情境，使得学生继续保持注意力，学生前后截然不同的表情，更激发其他学生的好奇心。通过播放实验视频，不仅让学生清楚观察到实验现象，又不会因为学生分组实验难以控制课堂秩序。

---

## 二、师生互动的变化

基础教育新课程改革倡导自主、合作、探究的学习方式，在课堂上教师和学生活动需要多种形式，教师在化学教学中可以通过变化师生互动方式调动学生学习的积极性。教学过程是教师与学生共同活动的过程。包括教师与学生之间的，学生与学生之间的，学生与教学内容之间的，学生与教学媒体的行为活动过程。为了启迪学生思维，教师应在教学过程中，选择恰当的师生相互作用方式，变换使用。

（1）教师教学方法的变化。为了更好地唤起学生的学习兴趣，打破传统的灌输式教学，教师应不断变化教学方法，将讲授法、谈话法、讨论法、自学辅导法、练习法、游戏法等有机结合，使学生的学习始终处在最佳状态。培养学生的独立思考能力和合作学习意识。

---

**案例：** **分子晶体结构**

教师在讲解分子晶体的结构时以干冰为例（投影干冰晶胞结构），提出"一个二氧化碳分子紧邻的二氧化碳分子个数是多少"的问题，组织学生阅读教材（学生感到迷惑），然后教师让学生以小组为单位就手中的模型讨论并走到学生中指导学生观察模型（学生答案不一致12个、4个、8个），讨论结束后教师利用动画效果演示，并详细讲解，最终得出答案是12个。最后组织学生做练习题，巩固知识。

　　物质结构与性质这一章内容多为微观抽象性概念，需要教师变化多种教学方法激发学生的学习兴趣，当单纯讲解难以让学生形成想象时，就需要让学生阅读教材，借助图片、模型积极主动构建知识，利用投影、动画更有利于教师与学生间的信息传递。

　　（2）学生活动安排的变化。化学教师除了运用各种教学方法进行教学外，还要加强学生学习活动的组织指导。应根据教学需要安排一定的时间分别用于学生个别活动、小组活动、全班活动，通过学生检查、复习所学知识，对学生进行个别指导，及时反馈教学信息，提高教学效率。交替使用不同学生活动方式，能够激励学生学习化学的积极性，并注意培养他们的观察力、读图能力、综合分析能力、创造想象能力、自我完善能力等，提高学生学习自觉性，让学生真正成为学习的主人。

**案例：**　　　　　　　　　　　**二氧化硫的性质**

　　学习"二氧化硫的性质"后，组织学生开展测定雨水的pH值的家庭小实验，教师将学生进行分组以便采集不同地方（学校、工业园区、家属区、市中心等）的雨水，要求学生自行设计实验方案。由此引出"我区酸雨形成的主要来源和危害"研究性学习课题。活动结束后，在全班范围内讨论实验结果，进行以环保为主题的班会。

　　开展基于项目的教学，组织学生进行探究性实验、研究性课题、以化学与环境为主题的班会系列化的活动，巩固拓展知识，培养实验技能，锻炼学生的独立思考能力和团队合作能力。

### 三、教学节奏的变化

　　主张快节奏的教学，并不是一味地唯快为好。快节奏是针对传统教学拖沓缓慢的节奏而言的，任何事物都要注意适度，教学节奏亦然。在教学过程中，教学要从整体节奏上做到有效控制，使其速度快慢交替，形成有规律的变化，如讲到重点或难点内容时，教学速度要缓慢些；在讲到非重点和非难点内容时，教学速度要放快。如果发现不少同学茫然，或提出问题后，全班学生无一人回答，说明教学速度太快，应舒缓一下，腾出时间让学生去思考或阅读教材，设置系列化的问题，由易到难，引导学生逐步突破。因此，教学速度要因课而定，课堂教学节奏只有做到快慢结合，张弛有度，才能吸引学生，开拓思路，促进教学任务的圆满完成。

---

**案例：** **钢铁的腐蚀**

创设情境：教师设问"铁为什么会生锈，铝没有生锈"？用时2min。

组织自学：教师提供阅读材料"金属腐蚀的危害"，引导学生有感情朗读，进行小组讨论，思考钢铁腐蚀的原因，用时5min。

探究活动：以"铁腐蚀的条件"设计探究实验，并动手验证，教师巡回指导，用时10min。

学生活动：学生分享实验现象，得出结论，教师补充改正，用时8min。

整理小结：教师点评学生活动，总结钢铁腐蚀的原理，用时5min。

高效运用变化技能应注意：内容的"详"与"略"，容量的"密"与"疏"，速度的"快"与"慢"，思维的"张"与"弛"，语调的"高"与"低"，活动的"动"与"静"，环节的"紧"与"松"。

---

# 第五节　变化技能的应用要点

变化技能有很强的综合性，需要反复实践和多方设计，才能掌握并上升为技巧。教师逐渐形成变化技能需注意以下应用要点：

（1）变化形式符合教学实际的需要。教师在课堂教学时，要根据教学的需要和实际遇到的教学情况，不断变化教学媒体、师生活动、教学节奏。当学生注意力不集中时，教师通过变化语气、语调、语速唤起学生注意；当学生认知受阻时，教师通过交替使用图片、模型、动画、幻灯片、视频等教学媒体，激发学生思维；当教师讲解化学原理、规律时，通过实验加强学生对知识的理解。

（2）变化频率符合认知水平的需要。教师运用变化技能时，变化的频率要适度，符合学生认知水平。变化的频率过快，学生还没来得及反应，教师所采用的变化方式一晃而过，给学生造成心理负担。变化频率过慢，导致学生兴趣减弱，注意力涣散。教师要根据教学内容和学生情绪适度地运用变化技能。

（3）变化程度符合师生沟通的需要。教师运用变化技能时，变化的程度要讲究分寸，不宜夸张。同一变化技能运用的程度不同，其作用也会有一定的差别。在一堂课中教态、媒体、师生相互作用的方式的变化都应该自然流畅地融入教学过程中，活跃学习氛围，便于师生交流。

（4）变化程序符合思维发展的需要。教师在运用变化技能时，要按照一定的程序进行，符合学生思维发展的需要。在运用变化方式时，依据变化技能要素，用精练的语言向学生介绍下一步的学习任务。在变换教学方式的过程中，适时采用各种教学素材以及电教手段，配合教师的讲解、提问、组织练习，打通多种信息传递通道，以提高教学效果。变化技能与其他技能之间的过渡要流畅、自然，与学生思维发展同步。

# 第六节 变化技能案例评价

## 一、变化技能课堂观察量表

变化技能课堂观察量表见表 3-1。

### 表 3-1 变化技能课堂观察量表

| 一级指标 | 二级指标 | 三级指标 | 权重 | 得分 |
|---|---|---|---|---|
| 学生学习<br>（30分） | 准备 | 1. 学生课前准备用具（教科书、笔记本、学案）<br>2. 学生是否对新课进行预习 | 0.04 | |
| | 倾听 | 3. 学生对变化方式是否感兴趣<br>4. 变化开始时，学生是否积极参与<br>5. 变化结束时，学生是否积极参与 | 0.08 | |
| | 互动 | 6. 学生能否积极回答教师提问<br>7. 学生能否主动参与讨论 | 0.04 | |
| | 自主 | 8. 学生能否进行自主学习<br>9. 学生自主学习效果如何 | 0.04 | |
| | 达成 | 10. 学生对媒体是否感兴趣<br>11. 学生对变化方式是否认可<br>12. 学生能否回想起旧知识，明确学习内容 | 0.1 | |
| 教师教学<br>（30分） | 环节 | 13. 教师是否通过表情、位置的变化形成和谐沟通<br>14. 教师是否利用形式多样的教学方法 | 0.06 | |
| | 呈示 | 15. 教学语言是否具有趣味性，启发性，通俗易懂<br>16. 声音是否高低起伏，有抑扬顿挫的变化<br>17. 语速变化是否得当 | 0.08 | |
| | 对话 | 18. 在进行变化时，教师是否注意学生的反应 | 0.03 | |
| | 指导 | 19. 教师是否加强学生学习活动的组织与指导<br>20. 教学内容是否详略得当，突出重点，突破难点<br>21. 教学容量是否控制得当，符合学生认知水平<br>22. 教学节奏是否有张有弛，利于提高教学效果 | 0.1 | |
| | 机智 | 23. 教师是否根据教学内容的需要变化使用媒体 | 0.03 | |

续表 3-1

| 一级指标 | 二级指标 | 三 级 指 标 | 权重 | 得分 |
|---|---|---|---|---|
| 课程性质<br>（20分） | 目标 | 24. 教师是否做好铺垫，使变化自然、流畅<br>25. 课堂有无新的目标生成 | 0.06 | |
| | 内容 | 26. 教师是否根据教学情况采用合适的变化方式<br>27. 容量是否适合全体学生 | 0.05 | |
| | 实施 | 28. 教师是否关注学习方法的指导 | 0.02 | |
| | 评价 | 29. 教师如何获取评价信息（回答、作业、表情）<br>30. 教师对评价信息是否解释、反馈、改进 | 0.04 | |
| | 资源 | 31. 预设的教学资源是否变化使用（课本、挂图、模型、音频、视频、PPT等） | 0.03 | |
| 课堂文化<br>（20分） | 思考 | 32. 全班学生是否都在思考<br>33. 思考时间是否合适 | 0.05 | |
| | 民主 | 34. 课堂氛围良好，文化气息浓厚，师生互动及时<br>35. 课堂上学生情绪是否高涨 | 0.06 | |
| | 创新 | 36. 教室整洁，座位布置合理，便于教师走下讲台，与尽可能多的学生互动交流 | 0.03 | |
| | 关爱 | 37. 师生、生生交流平等，尊重学生人格 | 0.03 | |
| | 特质 | 38. 哪种师生关系：评定、和谐、民主，效果如何 | 0.03 | |

## 二、变化技能教学设计案例

课题：二氧化碳对生活和环境的影响（九年级上册第六章第三节第二课时）

训练者：张涛　　　　时间：10min　　　　成绩：　90

教学目标：1. 掌握二氧化碳在生产、生活、环境中的用途；

　　　　　　2. 培养学生的探索精神和环保意识。

| 时间 | 教 师 行 为 | 学 生 行 为 | 技能要素 |
|---|---|---|---|
| 0.5min | 【导入】同学们，前面我们学习了二氧化碳的物理和化学性质，今天我们来学习二氧化碳对生活和环境的影响 | 认真，快速进入上课状态 | 提醒学生进入上课状态，变化讲述方式 |
| 1.5min | 【设问】前面我们讲到一个谜语：（关于二氧化碳）。同学们，这种物质是什么呢？<br>【讲述】从谜语得出二氧化碳与我们的生活密切相关，我们接下来学习二氧化碳对人体健康的影响 | 【回答】<br>启发思维，配合教师猜测谜语<br>猜出谜底：该物质是二氧化碳 | 提问引起注意，体现语气表情的变化，留下深刻印象 |

续表

| 时间 | 教师行为 | 学生行为 | 技能要素 |
|---|---|---|---|
| 2.5min | 【讲述】二氧化碳本身没有毒性，但二氧化碳不能供给呼吸，当含量超过空气中正常含量时会对人体产生一定的影响。到底有什么影响呢？请同学将书翻到116页阅读表6-1，从表中获取信息 | 【听讲】 认真阅读课本，思考问题——二氧化碳对人类生活的影响 | 激发动机；教学方式的变化，与学生相互作用的体现 |
| 3min | 【讲述】同学们看完了没？谁给咱们总结一下二氧化碳对人体的健康有什么样的影响？好，很好。我们再来巩固一下，加强记忆。 【展示挂图】（关于二氧化碳对人体健康影响的挂图）。在人群比较密集的地方要特别注意通风换气 | 【观看】 观看二氧化碳对人体影响的挂图。 【听讲】 跟着老师加强记忆，做笔记 | 组织指引；语气、表情的肯定、教学媒体的变化，解释二氧化碳对人体健康的影响 |
| 5min | 【讲解】虽然二氧化碳超过正常含量时会对人体产生影响，但二氧化碳在生活和生产中的作用是不可磨灭的。接着我们学习二氧化碳在生活和生产中的作用。 【讲述】同学们，你们所知道的二氧化碳在生活和生产中有什么作用呢？ 【板书】二氧化碳在生活和生产中的作用 | 积极讨论二氧化碳超标对人体的影响。 【思考】 思考二氧化碳在生产生活中作用 | 板书的书写方式、粉笔的选用以及与学生的互动等变化。从语气、教态、情感等方面体现变化技能 |
| 6min | 【总结】我们可以得到结论，二氧化碳在我们生活中有着很重要的作用。近年来人们忽略了对环境的保护，大量地砍伐树木，排放工业废气，二氧化碳的含量增多，形成二氧化碳层，使全球气候变暖，也就是我们经常说的"温室效应" | 回忆旧知识，领悟新知识 | 认真讲解挂图内容，加深学生印象，培养学生环保意识 |
| 6.5min | 【板书】二氧化碳对环境的影响——"温室效应" 【讲解】形成原因（老师和学生一起边讲解边总结，共同完成板书） | 学生配合老师，完成新课题的学习 | 位置、与学生的相互作用变化 |
| 9min | 【设疑】温室效应，人们都说它是全球变暖的罪魁祸首，对人类生存的环境产生了危害，产生什么样的危害？ 【讲解】有了以上的危害，要采取一定的防护措施（针对各项危害引导学生了解防护措施，方便学生课后作业的完成） | 学生间积极思考并讨论，共同完成对危害的认识。 【听讲】 认真听讲，课堂气氛活跃 | 教态、语气、师生互动变化；创设课外活动，培养学生解决问题能力 |
| 9.5min | 【讲解】今天的作业，回去查阅资料、翻看课本、互相讨论：温室效应的危害和防护措施，下一节课我们一起来探讨 | 认真记录作业：温室效应的危害和防护措施 | 布置作业；联系实际，思维过渡自然 |
| 10min | 【总结】今天学习了二氧化碳对人体健康的影响及其在生活和生产中的作用。回去认真完成作业 | 思考作业内容，将无意注意转为有意注意 | 培养查找资料、整理知识的能力 |

### 三、变化技能教学案例评价

教师要善于利用变化教学活动方式来组织学生，既要利用学生的无意注意进行教学活动，又要努力实现通过变化教学活动使学生的无意注意转向有意注意，并使之得到保持。兴趣往往是这种转化的促成因素。在课堂教学中，教师熟练变化教学活动，使课堂教学气氛活跃，寓教于乐，使学生注意力集中并稳定。下面将从四个方面对张老师的教学变化过程进行分析、评价。

（一）学生学习维度

（1）准备。观察者发现上课伊始，学生积极性高涨，熟悉教师授课内容，可见学生对本节课做了充分的准备。学生通过有效的预习才能清楚明白教师所讲内容。教师可以通过课堂上学生的反应情况来推测学生预习情况的好坏。经验丰富的教师方可根据课堂学生的实际情况，改变授课方式，调整授课顺序。

（2）倾听。张老师在进行"变化"时，以调动学生的积极性为前提，学生对"变化"方式十分认可，甚至老师一个眼神的变化，学生都能明白教师的意图。根据教师语速、语调的变化，学生有意识地进入倾听状态，帮助教师有效地完成教学任务。教师运用变化技能，依据学生的认知水平，有助于建构知识体系。

（3）互动。学生对老师的问题能够积极踊跃地回答，课堂气氛活跃，在轻松快乐的环境中进行学习。有个别学生无法将注意力集中于教学活动，张老师没有及时提醒。面对真实的课堂时，教师不能放过任何一个不注意听讲、"开小差"的学生，教师应积极尝试变化不同的师生互动方式，唤起学生有意注意，兼顾不同层次的学生，做到因材施教。

（4）自主。教师精心设计教学策略调控教学，突显学生的自主性。教师运用多种变化的教学方式，提高学生的自主学习能力，使其在有效的时间里尽可能多地掌握知识。教师应该怎样掌控真实课堂，也是值得深思的。

（5）达成。张老师充分利用了黑板、教科书、小黑板及不同颜色的粉笔等教学媒体来进行教学。教学媒体的变化在视觉上对学生是很好的刺激，只有学生认可教师媒体的使用，才能达到教学效果。本节课张老师先设计学生自学环节，询问二氧化碳对身体健康的影响，然后展示挂图，总结这一知识点，促使学生二次记忆。针对化学学科的特殊性，零碎的知识点需要教师提供方便、快捷的记忆方式。

（二）教师教学维度

（1）环节。教学媒体的变化：张老师充分利用了黑板、教科书、小黑板及不同颜色的粉笔等教学媒体来进行教学。在黑板上展示结构化的板书；让学生阅读教科书，运用指导和提示的方法引导学生思考问题并获取信息；利用小黑板及不同颜色的粉笔强调重难点，唤起学生的注意力，同时避免了课堂教学时间的占用。

教态的变化：张老师分别运用表情变化、动作变化、手势变化及位置变化。眼神变化增进师生情感交流，带给学生亲切感。同时，目光环视全班同学，从与学生的目光接触中反馈信息，从而知道学生是否注意听讲，对讲解的内容是否感兴趣；张老师通过头部动作回应学生的表现，手势起到强化的寓意，位置变化唤起学生注意等教态变化，达到了信息的有效传递。

（2）呈示。语言的变化：张老师在教学中通过语调的高低变化、音量的大小变化、语速的快慢变化及语言的节奏变化，来引起学生的注意力，突出重点内容及引导学生思考。但张老师教态较随意，不够严谨，希望在以后的教学中稍加注意。建议所有化学师范生，对于和实际生活密切联系的课程，可以使用风趣的语言，易于学生理解，教学效果会更明显。

（3）对话。师生相互作用的变化：张老师通过讲授法、讨论法、提问法及师生相互交流等教学方法，让学生阅读课本、相互讨论等学生活动，激发学生的学习兴趣，使他们能够很好地配合老师完成教学任务。教师在使用变化技能时要时刻关注学生的表现，不可忽略学生的学习动机。张老师提问后，学生积极举手想要迫切地回答会的问题，但是老师却忙着写板书，忽视了学生；在刘同学回答问题的时候，张老师一直表情严肃地盯着刘同学看，没有给予学生相应的回应。

（4）指导。教师应该合理利用课堂有效时间，指导学生活动，不可过于仓促。张老师让学生讨论形成温室效应的原因时，留给学生的时间太短，学生来不及讨论。教师如果设计了学生自主学习环节，应多留给学生一点时间，让他们有思考的余地。在短短的 10min 里，张老师讲授了三部分知识，对于初中的学生来说，教学内容偏多，容量偏大，节奏偏快，不利于学生对知识的接受。

（5）机智。张老师通过表情变化、位置变化等非言语行为，及时唤起学生的注意，促进教学的顺利进行。

（三）课程性质维度

本节课，张老师能够根据教学内容和学生情况，采用合适的变化方式，最大限度地提高教学效率。但二氧化碳对身体健康、生产生活、环境的影响中所含信息量过大，作为 10min 的教学片断，教学容量大，没有合理地考虑学生的认知水平。

老师的讲桌上没有准备课本、练习册、教案，只有粉笔盒，给人的感觉是不重视。虽然老师准备得很充分，但是有了教科书老师给学生布置任务的时候就方便了，希望张老师以后上课的时候带上教科书。

整堂课中学生都能够积极参与到课堂活动中，对老师的提问能够做出及时反馈。但老师在学生回答完成后，缺少必要的评价。在师生互动方面，学生更显主动。

张老师主要采用了问题驱动的教学模式，通过讲授法、讨论法、提问法及师生相互交流等教学方法，完成教学目标，达到了很好的效果。

（四）课堂文化维度

整节课的课堂气氛时而陷入思考，时而争论不休，没有出现死气沉沉的局面，所以从整体上看，课堂氛围比较好。老师能够适当地引导学生思考问题，学生也能很好地配合老师，师生互动很和谐。老师的目光分配得当，能够环视全体同学，同时由于老师的高度关注，精力比较集中，表现很好。

综上，在本节课中，张老师一共实施了23次比较明显的变化，其中变化类型包括语言的变化、教学媒体的变化、教态的变化、师生相互作用的变化。张老师通过以上变化来改变信息传输通道，解除学生的疲劳感，使学生思维保持兴奋状态，达到有效地传递教学信息，提高教学质量的目的。

提示：形式与内容的统一，切忌单纯追求数量的变化；
　　　变化与和谐的统一，切忌片面追求刺激的变化；
　　　情感与理智的统一，切忌造作追求无用的变化。

# 第四章 提问技能

思维是从问题、惊讶开始的。

——亚里士多德

善于提出问题并能逐渐增加问题的复杂性质和难度，这是最重要和极其必要的教学技巧之一。

——乌申斯基

**学习目标：**

**知识：**了解提问技能的概念、功能，了解不同认知水平的提问分类、不同教学方法的提问分类等类型；

**领会：**理解提问技能的构思问题、提出问题、适当停顿、分布发问等构成要素和应用要点；

**应用：**选取中学教材一节内容，编写规范的提问技能教学设计，并反复练讲；

**评价：**根据学生学习、教师教学、课堂文化、课程性质四个维度，熟练运用提问技能课堂观察量表进行提问技能训练案例评析。

# 第一节　提问技能概述

提问技能是指教师运用提出问题以及对学生的回答做出反应的方式，促进参与学习，了解学习状态，启发思维，使学生理解和掌握知识、发展能力的一类教学行为。课堂教学中的提问是一项重要的教学技能，用于整个教学活动过程中，成为联系师生思维活动的纽带，开启学生心灵，诱发学生思考，开发学生智力，培养学生思维，最终达到培养学生综合能力的终极目标。

化学新课程中强调在教学过程中要充分发挥学生的主体地位，强调引导学生通过科学探究的方式获取相应的结论。在新课程的背景下，转变课堂的教学方式，善于运用提问促进师生之间的交流，引导学生获得知识以及发展学生思维能力显得十分重要。

奥苏伯尔对课堂中的教学策略提出两个基本的原则：（1）不断分化原则。教学应该从提出最一般性、概括性的观念开始，然后逐次分化为特殊的细节概念，再通过下位概念逐次延伸至各个具体的事实。不断分化是指教学要根据学生认识新事物的自然顺序和认知结构的组织顺序，在呈现新教材内容时，遵循由整体到部分、由一般到特殊的原则。这样既有利于学生利用前面学习的知识来固定和同化后面学习的知识，后面学习的新知识反过来又进一步扩展、巩固前面学习的知识，并可防止孤立学习和机械记忆。不断分化原则强调的是知识间的纵向联系。（2）综合贯通原则。新的概念要有意识地同已有的内容调和起来，即教学要将新旧知识密切联系起来加以组织。综合贯通则是指从横的方面加强教材中概念、原理、法则、课题乃至章节之间的联系，以促进学习的融会贯通。无论是客体的知识结构，还是主体的认知结构，都具有纵横联系的性质。奥苏伯尔提出的不断分化、综合贯通的原则，有助于教师根据学生认知结构的组织特点来设计问题，从而有助于学生对知识的学习和保持、迁移和应用。

不断分化原则和综合贯通原则在提问教学中非常重要，教学中要充分把握这两个原则，通过以上理论的介绍，明确提问是促进学生能力发展的有效形式，尤其是能够引起学生认知结构不平衡的提问；明确提问是帮助学生建立知识之间的联系，促进学生的思考，使得学生将知识融会贯通；明确提问遵循学生不同阶段的发展水平，建立符合学生发展阶段的教学情境，以促进学生能力的发展。

# 第二节　提问技能的功能

朱熹曾说："读书无疑者，须教有疑，至此方是长进。"学习的过程实际就是提出问题，分析问题，解决问题的过程。化学作为一门自然学科，以探究物质世界为主要学习内容，有效的问题能够促进学生积极主动地探究，获得知识，培养良好的思考习惯和能力。有效的提问有如下六个方面的功能：

（1）集中学生注意，促进思考。有效的提问能够引起学生注意，启发学生的思维。实验者证明，当教师提出问题时，学生思维处于活跃状态。教师的提问牵引着学生的思维活动，不论是独立思考还是互相讨论，都引导着学生朝着同一个目标前进。例如，教师演示酸碱滴定实验，由于滴定过程漫长，一些学生无所事事，教师提出问题：实验的指示剂是什么？变色范围是多少，滴定终点颜色发生怎样变化，引起学生注意，启发学生思考。

（2）引起学生兴趣，产生动机。学习的动机和兴趣取决于需要。教师通过提问创设学习情境，引起学生兴趣，产生学习愿望，以一种积极愉快的情绪去努力探索，从"要我学"转化为"我要学"的状态。提问时，教师围绕学习主题，提供事实材料，提出"这是什么？在哪里？是怎样的？为什么"等问题，把学习目标转化为生动具体的问题，促使学生产生解决问题的愿望，带着问题去思考和探究。提问就像磁石一样吸引着学生，使学生对学习保持浓厚的兴趣，并把注意力集中到重点和难点上。

（3）深化学生认识，培养能力。教师在课堂教学中，用提问的方式启发学生思考是极为重要的。教师在讲课中边提问边讲述，或者提出问题让学生讨论，学生积极主动地参与课堂讨论，并有机会来表达自己的想法，有利于发挥学生的主动性。出色的提问能引导学生探索所要达到目标的途径，获得知识和智慧，养成善于思考的习惯和能力。课堂教学中，教师通过提问，有目的、有秩序地组织学生去探讨问题，在师生的相互作用下，学生的认识会得到深化、拓展，学生的能力得到提升。

（4）启发学生思维，主动学习。教师在课堂教学中，用提问的方式来启发学生思考是极为重要的。传统的教学，以灌输知识为主，学生在课堂上很少有机会思考问题，不利于学生思维发展。学生长时间听教师讲述，引起大脑疲劳，失去学习兴趣。教师提出问题，让学生讨论，学生思考并做出适当的回答，气氛活跃，形式多样，学生动眼、动耳又动口，有利于发挥学生的主动性。

（5）反馈教学信息，调控教学。提问是师生间的双向信息交流活动。教师从学生的反应和回答中迅速获取反馈信息，了解学生接受知识的情况，检验教学目标的达到情况，发现教学过程中的不足，及时调整教学计划，调控教学，达到教与学的相互促进作用。当学生反应活跃，积极要求发言，回答也很正确时，说明教学顺利；当学生普遍反应迟钝，回答不全面，不准确时，有经验的教师会从学生的反应中发现讲课的问题，或学生的思维症结，教师将从另一角度，或换一种方式启发、引导、讲解。

（6）复习巩固知识，促进迁移。提问是教师复习巩固所学知识的主要教学方式。在每部分或整节课的内容讲过之后，提出几个问题，可以检查学生学习的情况，并复习巩固所学的知识。问题设计一般是以旧知识为基础的，它可督促学生及时复习、巩固知识，不仅有助于新旧知识的联系，还有助于知识的相互迁移。例如，教师在学习离子反应之前，向学生提问强弱电解质知识（电解质的定义、分类、强弱电解质举例等）。

教师创设的问题情境，是促使学生产生学习愿望，形成学习期待的一种教学方式。教师通过设问等方式以刺激学生，使学生产生学习愿望，并与学习的具体目标结合起来，形成学习期待。把学习需要由潜在状态转为活动状态，激发学生学习的积极性，以实现具体的学习任务。

## 第三节　提问技能的构成要素

提问作为一项基本的教学活动，一般包括构思问题、提出问题、适当停顿、分布发问、探察指引、评价拓展六个要素。

（1）构思问题。提问作为课堂教学的一项基本教学活动，教师向学生提出问题之前必须要精心构思，对提问的内容、方法、时机都要做周密详细的设计，教师必须要明确提问的目的，预期要达到的效果，学生在应答的过程中可能会出现的情况以及应对策略。在微格训练中，师范生可从提问环节、提问目的、问题、教师行为、预想学生行为、处理方式等方面构思问题。

设问点的选择关系到提问效果，可在知识的衔接处设问，在教学重点处设问，在思维的障碍处设问，在规律的探索处设问，在知识的伸长处设问，在题目的变通处设问。

（2）提出问题。提出问题时，语言要清晰、准确、简练，符合学生认知水平。教师通过改变语速、音量或重复等方式对重点内容或关键字词加以强调。教师提出问题后，提示运用所学知识去解决问题，引导学生联系新旧知识，找出解答问题的依据。在学生未听清问题或者没有明白题意时，教师应该重复问题，或者对问题作出简单的解释。常用的口语有："在回答这个问题的时候，要注意以下几点……""对于这个问题，在回答时请结合我们学过的化学知识来回答""同学们可以回想一下我们做实验的时候，是……"。

（3）适当停顿。教师提出问题后，应该安排适当的停顿。从学生整体水平出发，给予学生思考和准备表达的时间。教师根据问题的复杂程度，选择停顿时间。仔细观察学生的反应，包括学生非语言的身体动作与情绪反应，课堂气氛以及学生议论的内容等，从而把握学生对问题的思考情况与介入程度，为调节提问的进程提供依据。一般说来，简单问题陈述速度较快，停顿时间较短，学生应该尽快判断作答。复杂问题陈述速度慢且停顿时间较长，提醒学生应该利用较充裕的时间周密慎重地思考，防止判断错误。

（4）分布发问。学生对问题的理解程度及知识水平不尽相同，对回答问题会持不同的态度。为了调动每一个学生的积极性，教师必须对提问进行适当的分布，给予学生平等回答问题的机会，用问题来调控学生的情绪，调动学生参与课堂的积极性。教师发问也要注意以下几点：观察学生行为（困惑不解、无法回答、不感兴趣、被动接受），面向全体学生（平等对待、注意难易程度），强化学生行为（鼓励、赞许认真回答的学生）。

（5）探查引导。学生回答教师的问题，大致有两种困难情况：回答不准确、不完整或无法作答。教师针对前一种情况，可以通过直接表述或者提出问题给予学生一些小提示，帮助学生发现回答中的不足及其产生的原因，从而改进回答。而后一种情况往往是学生未能建立起已有知识与问题间的联系，教师可以通过一系列问题帮助学生发现困难所在，用小问题引导学生由浅入深的思考，最终实现整个问题的解决。

（6）评价拓展。教师对学生回答的评价，将对学生进一步参与课堂讨论，培养学生积极回答问题的意识起到重要作用。学生回答问题时教师要表示出对学生关注的态度，当学生对问题做出回答后，教师要针对学生的答案做出反应评价。学生回答正确，教师应给予适当的赞许。学生回答错误，教师不宜训斥嘲笑，宜另行指定学生回答，以纠正错误。学生回答不出，可提示思路，回忆旧知识或解释题意，启发学生思考。依据学生的答案，引导学生思考另一个新问题或更深入的问题，就学生的答案加入新的材料或见解，扩大学习成果或展开新内容。

# 第四节　提问技能的类型

课堂提问有很多的类型，不同的专家学者对提问技能的分类方式各有见解，通过分析综合，提问技能按照不同的分类方式，划分为不同的层次，按学生的认知水平分为回忆性提问、判断提问、理解提问、运用提问、分析提问、联想提问、综合提问；按教学方法分为讲述法中的提问、演示法中的提问、练习法中的提问、讨论法中的提问、自学辅导法中的提问。

## 一、不同认知水平的提问分类

具体可分为以下几类：

（1）回忆性提问。回忆、观察、感受即可回答的简单问题，通过提问考查学生对基本知识掌握的程度，帮助学生将新旧知识联系起来，或者获取感性知识，为进一步学习打下基础。观察是学习知识的前奏，而观察首先是从那些最基本的事实材料入手的。回忆提问的内容主要包括：复述化学基本定义、定律和原理，复述物质的性质与用途，再现化学用语、常用的计量单位及必要的常数，再现化学仪器的名称、使用方法和基本操作要点，复述化学实验现象等。例如，学习金属钠的性质，教师在演示实验时，可以让学生观察金属钠的切面变化过程，从而得出金属钠性质活泼，极易被氧化的结论。

（2）判断提问。学生需要经过对知识的理解和延伸之后，做出判断的提问是判断性提问。经常用在学习新概念之后，教师提供新的情境，让学生依据概念的内涵和外延进行判断，以加深对新概念的理解，有利于教师检验学生对知识的掌握以及理解程度，为教师的下一步教学提供反馈信息。判断提问主要用于对概念、原理、定理、物质性质等基本知识的理解层面上的问题。

（3）理解提问。化学教学中理解提问主要包括：领会化学原理、基本概念、化学反应规律的涵义、表达方式和适用范围的问题；从物质发生的化学变化解释化学现象的问题；领会化学计算的原理与方法的问题；领会化学实验的原理、方法、操作过程和依据实验现象或数据推断出正确结论的问题等。

（4）运用提问。学生运用所学过的知识来解答问题。问题建立在学生对知识熟练掌握的基础上，目的在于考验学生综合知识的应用与解决实际问题的能力。主要包括：运用化学概念、原理解决具体化学问题，各类定理、法则的应用，运用元素化合物及有机化学知识解决物质简单制备、分离、提纯和检验的问题，运用化学计算解决化学中的定量问题，把化学知识运用于日常生活和社会现代化建设具体事例的问题等。

（5）分析提问。为了掌握复杂事物的特点，常常将事物剖析为若干部分，并探索各部分之间的联系及其结构组合。在进行分析时，提问是教师使用的主要方式之一。其目的是让学生获得知识，更重要的是让学生从教师分析事物的思路中学会分析问题的角度和方法。分析提问包括：关系分析提问，例如，化学反应速率和化学平衡移动之间的关系，金刚石结构分析提问。关系分析提问又可分为：因果关系提问，例如，催化剂是如何影响化学反应速率的？主从关系提问，例如，影响化学反应速率的主要原因即内因是什么？外因是什么？

（6）联想提问。在课堂教学中，为了进一步开拓学生的思路，培养学生的想象力，让学生能够活学活用，举一反三，熟练运用知识，教师常在教学过程中提出问题让学生联想，通过已有的知识预想可能会出现的现象或者结论等。例如，教师在讲解钠与水、酸剧烈反应之后，向同学们提问："钠与硫酸铜溶液反应吗？如果能反应预测一下，可能观察到什么现象，生成什么物质？"师生之间展开激烈的讨论，部分同学认为钠能置换出来铜，有金属铜单质析出；部分同学认为钠先与水反应，放出氢气，还有蓝色的沉淀生成。

（7）综合提问。综合是把零散的信息、资料组织成为新的整体以得出新结论的能力。包括：对概念、原理错误运用或错误表述的判断与纠正；将已有的若干个概念、原理或规律运用于新的情境以推导出新的结论；设计化学实验方案；实验装置的组合与剖析；依据几部分化学知识的内在关系，融会贯通，解决多因素的化学问题等。许多教师的经验告诉我们，应注意让学生在教师的指导下独立分析，并在分析的基础上学会综合。

### 二、不同教学方法的提问分类

具体可分为以下几类：

（1）讲述法中的提问。以教师讲述为主，常用于较难问题的分析、综合、推理、阐述等。教师的讲述要求有较强的逻辑性、系统性和连贯性。因此提问不应太频繁，一般在讲述前可设悬念引发学生的思考，然后由教师系统讲述，在重点和关键之处可提出一两个问题让学生思考回答。讲述后再复习提问以巩固所学的内容，并且在应用中拓宽学生的思路。

---

**案例：**　　　　　　　　**以问促巩**

教师在讲解可逆反应的特点时，边讲述边向学生提出以下几个问题：

（1）与不可逆反应相比，可逆反应有什么特点？（2）为什么可逆反应中，反应物不可能完全被消耗？（3）可逆反应是否会停止？你是怎么判断的？（4）可逆反应真的停止不动了吗？说说你的理由。（5）可逆反应的化学平衡状态是怎样建立的？如何判断一个反应已经达到化学平衡状态？（6）当条件改变时，化学平衡状态会改变吗？（7）不同的条件对化学平衡状态的影响一样吗？请举例说明。

教师选择应用问题策略，设置七个问题，这七个问题实际上就是整个学习内容的知识线，学生在思考并回答这些问题之后，将对本节知识点起到复习和进一步巩固的目的。同时，也帮助教师检查学生对本节知识掌握的程度，起到反馈学生学习情况的多重作用。

---

（2）演示法中的提问。一般在演示前提出几个问题，交代要观察什么，介绍观察的步骤和方法。在演示进行过程中，在关键和重要的地方提问，引起学生的注意。

---

**案例：**　　　　　　　　**以问激思**

教师在演示铜锌原电池实验的过程中，发现一部分学生只对实验现象感兴趣，看到实验现象后便无所事事，为引起学生注意，促进学生在观察实验的同时思考问题，教师设计如下问题：

（1）铜片上有什么现象，产生的是什么气体，锌片上有什么变化？（2）$H_2$ 是由何种微粒转变而来的？同学们根据元素守恒方面去思考。（3）$H^+$ 是怎么变成 $H_2$ 的？从 $H^+$ 到 $H_2$ 元素化合价发生了怎样的变化？（4）铜和锌谁更活泼？为什么是锌失去电子？

教师通过问题的设置，促进学生边观察实验边思考，让学生思维始终处于积极、活跃的状态。同时，利用问题帮助学生建立知识之间的联系，将学生的思维引到特定的知识水平上。通过提醒，不仅让学生的注意力集中，也为学生思考问题起到引导提示的作用。

（3）练习法中的提问。练习法包括笔答和口答两种方式，一般将两者结合起来进行。练习法中的口答提问一般具有灵活性或综合性，教师要注意将正确答案明确地告诉给学生。

**案例：**　　　　　　　　　　**以问激学**

在学习氮及其化合物知识时，教师为检验学生知识的掌握程度，要求学生画出氮与氮的化合物之间转化的循环图，为培养学生学会总结的能力，启发学生思维，设计了如下问题：

（1）空气中有丰富的氮气，氮是生命元素，是蛋白质的重要成分。动植物在生长过程中需要的氮是通过什么途径吸收的？（2）动植物只能吸收和利用铵态、硝态氮，含有根瘤菌的豆科植物可以利用游离态氮。什么是铵态、硝态氮？（3）自然界和人类是怎样使游离态氮转变为化合态氮的？化合态氮又怎么变成植物、动物体中的蛋白质的呢？

教师通过一系列与实际生活息息相关的问题，激发学生学习氮及其化合物的强烈愿望，学生在问题的激发下，思考氮单质与化合物转化的方式，不仅能帮助学生主动学习，而且也能帮助学生熟练掌握知识并灵活运用，以及学会发现生活中的问题，养成良好的学习习惯。

（4）讨论法中的提问。讨论法中的提问，问题的设计很关键，提出的问题综合性要强，并且具有一定的难度。教师在讨论中不要急于发表自己的看法，要鼓励学生发表不同的意见和独到的见解。总结时要善于将学生正确的答案归纳、梳理、概括和充实，教师的发言要求比学生更准确、全面、深刻、有条理，使学生既感到参与的喜悦，又从教师那里学到思考问题的本领。

**案例：**　　　　　　　　　　**以问促能**

讨论乙醇发生化学反应的化学键断裂方式时，教师向学生提问乙醇分子中有几种化学键？

【投影】乙醇的结构式（图4-1）：

(1) 若涉及1键的断裂，乙醇可能发生哪些反应？

(2) 若涉及2键的断裂，乙醇可能发生哪些反应？

(3) 若涉及2、4键的断裂，乙醇可能发生哪些反应？

(4) 若涉及1、3键的断裂，乙醇可能发生哪些反应？

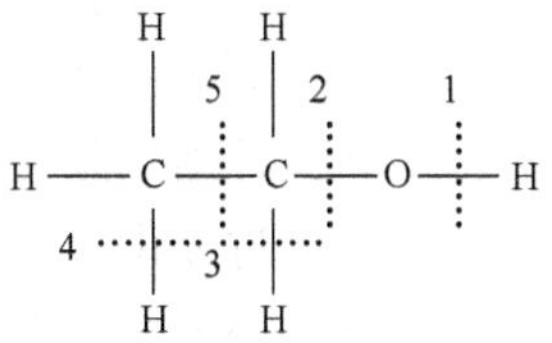

图4-1 乙醇的结构式

教师通过问题的设计帮助学生自主探究，构建知识网络，将被动枯燥的知识复习变成积极、有趣的探究过程，使学生的知识真正实现内化。通过对化学键断裂方式的分析，预测乙醇可能会发生的反应，不仅培养学生运用知识，进行归纳总结的能力，也培养学生分析问题、解决问题的能力。

(5) 自学辅导法中的提问。以学生自学为主，但十分重视教师的作用。一般在自学前，由教师提出阅读思考题，以引导学生自学的思路。自学后再按提出的问题展开讨论，最后由教师作总结。

**案例：** **以题激趣**

学生在自学有机物沸点知识的过程中，比较乙醇和氯乙烷的相对分子质量和沸点图，教师为辅助学生获得知识，要求学生通过分析图表中的信息，回答下列问题（表4-1）：

**表4-1 物质相对分子质量和沸点比较**

| 物 质 | 相对分子质量 | 沸 点 |
|---|---|---|
| $CH_3CH_2OH$ | 46 | 78.5 |
| $CH_3CH_2Cl$ | 64.5 | 12.3 |

(1) 乙醇的相对分子质量比氯乙烷要小，而沸点为什么却比氯乙烷要高得多？(2) 为什么氢键的形成会使乙醇的沸点出现反常？(3) 乙醇与水能以任意比例互溶，是否也与氢键有关？

通过对有机物物理性质的讲解，教师让学生自己学习并获得知识，教师起到辅导的作用。通过步步设疑，层层深入，使学生处于受激发状态，带着这么多的疑问，学生的情绪高昂，整个课堂也充满生机和活力，为学生营造了轻松活泼、积极思考的学习氛围。

# 第五节 提问技能的应用要点

在应用提问技能的过程中，要注意把握其应用要点，教师只有清楚地认识提问注意要点，才能在教学中准确无误地运用提问技能，发挥出提问的功效。

（1）问题设计要明确，具有目的性。课堂提问要为完成本堂课的教学任务服务，切忌无计划、随便提问、信口开河。教师提问要明确每个问题的目的，是为了检查已学过知识，还是巩固所学习的新知识；是为了启发学生积极思维，激发学习兴趣，还是为了提醒学生注意等。例如，教师在学习完酸碱中和反应之后，为检验学生运用知识的能力进行提问：“一块土地酸性太强，不适宜种蔬菜，农民发了愁，你能帮帮他吗？治疗胃酸过多的药物的主要成分是 $Al(OH)_3$，它的作用原理是什么？做完实验后剩余的酸性或者碱性废液能否直接倒入下水道？如何处理？小强实验时不小心将稀盐酸溅入眼中，他应该怎么做？”教师设置的这四个问题，目的就是检验学生运用所学知识的能力，通过思考活动的设计，也让学生认识到所学知识是与实际生产和生活紧密联系的，让学生体会到学习化学的重要性，进一步增强学生学习化学的兴趣。

（2）问题表述要准确，具有科学性。课堂提问，问题表述要准确，题意清楚，条理分明，学生能清楚知道给了哪些条件，要求回答什么问题。问题不能模棱两可，造成学生回答困难。应让学生明确回答问题的深广度和要求，以便准确回答。例如，教师讲解完氯气之后，向学生提问：氯气的知识有哪些？这个问题的范围太大，学生往往无从下手，不知该如何作答，教师若改为“氯气的物理性质有哪些？化学性质有哪些？实验室是怎么制备、收集氯气的”这样具体的问题，使得学生明确问题的具体指向，有利于学生积极回答问题。明确的问题是课堂提问能否成功极其重要的一方面。

提问在内容上要准确，不能出现科学性错误。在叙述上要符合逻辑推理、用词得当、条理清楚、使用科学术语，问和答的内容要吻合，不能离题。例如，原子是由哪些微粒组成的？这个问题在用词上是不准确的，组成一般用在宏观物质上，而原子属于微观粒子，此问题应改为：原子是由哪些微粒构成的？以及“滴入”“加入”“逸出”和“溢出”之间的区别，都是化学教师在运用化学语言的过程中要注意的。

（3）问题设计要新颖，具有趣味性。学习中最活跃的成分是求知欲，即对学习内容产生认识上的兴趣。为了使提问具有趣味性，在内容上要结合学生生活实际；在形式上要刻意求新，平中求奇；在语言上要有幽默感；在师生活动的方式上形式多样。新颖的问题，对学生有一定的吸引力，才能使学生产生学习的愿望，形成学习期待。设计问题时注意：怎样设计问题才能让学生产生新奇感呢？一方面是从学习的内容上选择那些让学生感到新颖的知识设问；另外，也可以从认知的不同角度提问，还可以从师生活动的不同方式上设问。例如，教师学习金属铝与水反应之后，提问学生，“既然铝会和水反应，那么在日常生活中我们怎么还用铝制品来烧开水，做饭呢？”学生们陷入沉思当中，大部分同学都投入到积极的思考中，并不时地和周围的同学们交流自己的看法。

（4）问题要有思考价值，具有启发性。为使得提问达到真正的教学效果，教师提出的问题要有一定的思考价值，问题在一定程度上促进学生思维的发展，给予学生思考的机会，能引起学生动脑积极思考和激发他们产生疑问。例如，当教师讲到饱和溶液和不饱和溶液时，为什么必须指出"一定温度和一定量溶剂"呢？当温度改变时，溶解度会发生改变吗？如果会发生改变，将会怎样变化？这个问题思维量很大，能启发学生进一步思考，促使学生深刻理解饱和溶液和不饱和溶液的概念，培养学生善于发现问题的能力。而往往一问一答，例如"对不对""好不好"一类无启发性的问题，是毫无价值的，应当避免，不仅对课堂教学没有效果，也浪费时间。

（5）提问要层次分明，具有适度性。当堂消化的问题，提得浅显易懂，复习巩固的问题要提得迂回，但不能过分深奥。提问要从学生实际出发，符合学生年龄特征和知识水平，问题的难易程度要恰到好处；提问也要做到适量，提问的次数不能过于频繁；问题不能过大，一般一个问题涉及一个或两个知识点，思考时以平面为宜，不要三维空间；提问要适时，在学生的新旧知识发生激烈冲突，在学生意识中的矛盾激化之时，教师及时捕捉这个最佳时机提出问题，使学生处于"愤悱"状态，激起学生回答问题的积极性；提问要针对不同层次水平的学生，提出不同层次水平的问题，使所有的学生都能获得成功回答问题的机会，使不同层次水平的学生都有不同程度的收获和发展，以此激发学生学习的积极性。

（6）提问要形成整体，具有系统性。课堂提问要注意知识的系统性，不能把问题弄得支离破碎，跳跃性过大。对于一个大问题，可以通过一系列的小问题循序渐进地达到，问题与问题之间应体现知识之间的内在联系和相互关系。提问应按照学生的认识规律，由浅入深，由易到难，由近及远，由简到繁，由具体到抽象，循序渐进地把学生的思维一步一步地引向深入，由低层次向高层次发展。例如，在学习喷泉实验之后，教师设计几个层次性不同的小问题让学生思考回答：1）喷泉实验成败的关键是什么？2）还能否用其他装置来代替？3）具有多大溶解度的气体才能形成喷泉？4）喷泉实验中不用水而采用其他溶剂行吗？5）$Cl_2$、$CO_2$、$SO_2$等气体能做喷泉实验吗？学生通过问题的逐层深入，加深了对喷泉实验实质的理解，促进教学目标的实现。

# 第六节  提问技能案例评价

## 一、提问技能课堂观察量表

提问技能课堂观察量表见表4-2。

### 表 4-2　提问技能课堂观察量表

| 一级指标 | 二级指标 | 三　级　指　标 | 权重 | 得分 |
|---|---|---|---|---|
| 学生学习<br>(30分) | 准备 | 1. 学生课前是否准备用具（教科书、笔记本、学案）<br>2. 学生对新课是否预习 | 0.06 | |
| | 倾听 | 3. 学生是否认真倾听教师提问<br>4. 学生能否复述教师的问题或其他同学的发言 | 0.07 | |
| | 互动 | 5. 学生能否积极回答教师提问，主动参与讨论<br>6. 学生是否有行为变化，与教师共鸣、认同、默契 | 0.07 | |
| | 自主 | 7. 学生能否有序地进行自主学习<br>8. 学优生和学困生是否能同时参与问题回答 | 0.07 | |
| | 达成 | 9. 学生能否回想起旧知识，明确学习内容 | 0.03 | |
| 教师教学<br>(30分) | 环节 | 10. 教师提问的类型（（1）回忆性提问；（2）判断提问；（3）理解性提问；（4）比较提问；（5）分析提问），效果如何<br>11. 教师是否说明问题的目的和指向性<br>12. 教师是否重复提出的问题<br>13. 教师是否针对全班同学提问<br>14. 教师提出问题的难易程度是否合适 | 0.11 | |
| | 呈示 | 15. 教师提问时语言是否清晰、简洁、语速适中<br>16. 教师是否通过板书、媒体辅助提问 | 0.04 | |
| | 对话 | 17. 教师提问后能否给学生留下充足思考时间<br>18. 教师对学生答案的理答方式（（1）打断或代答；（2）不理睬或批评；（3）重复问题；（4）提醒，指引；（5）鼓励、称赞） | 0.05 | |
| | 指导 | 19. 教师提出问题出现课堂空白时，是否引导学生作答<br>20. 教师是否理会学生的质疑，给予正确、适时的回答 | 0.05 | |
| | 机智 | 21. 教师何处提问（（1）知识衔接处；（2）教学重点处；（3）思维障碍处；（4）规律探索处；（5）知识延伸处；（6）题目变通处）<br>22. 遇到不期待的回答时，教师的处理是否得当 | 0.05 | |
| 课程性质<br>(20分) | 目标 | 23. 目标是否适合学生水平<br>24. 课堂有无新的目标生成 | 0.05 | |
| | 内容 | 25. 教学内容是否凸显学科特点、核心技能及逻辑关系<br>26. 容量是否适合全体学生 | 0.05 | |
| | 实施 | 27. 教师是否关注学习方法的指导 | 0.02 | |
| | 评价 | 28. 教师如何获取评价信息（回答、作业、表情）<br>29. 教师对评价信息是否解释、反馈、改进 | 0.06 | |
| | 资源 | 30. 预设的教学资源是否全部使用 | 0.02 | |

续表4-2

| 一级指标 | 二级指标 | 三　级　指　标 | 权重 | 得分 |
|---|---|---|---|---|
| 课堂文化（20分） | 思考 | 31. 全班学生是否都在思考<br>32. 思考时间是否合适 | 0.05 | |
| | 民主 | 33. 课堂氛围良好，文化气息浓厚，师生互动及时<br>34. 课堂上学生情绪是否高涨 | 0.06 | |
| | 创新 | 35. 教室整洁，座位布置合理，与尽可能多的学生互动交流 | 0.03 | |
| | 关爱 | 36. 师生、生生交流平等，尊重学生人格 | 0.03 | |
| | 特质 | 37. 哪种师生关系：评定、和谐、民主，效果如何 | 0.03 | |

## 二、提问技能教学设计案例

课题：**铁及其化合物间的相互转化**（人教版高中化学必修一第三章第二节第三课时）

训练者：**周玲**　　　　　时间：**10. 5min**　　　　　成绩：　**87**

教学目标：1. 熟练掌握 $Fe^{2+}$ 和 $Fe^{3+}$ 之间的相互转化；

　　　　　2. 培养学生合作、主动交流、善于表达的能力。

| 时间 | 教 师 行 为 | 学 生 行 为 | 技能要素 |
|---|---|---|---|
| 1min | 【导入】同学们早上好！铁是咱们日常生活中应用最为广泛的一种金属，也是人体中必不可少的微量元素之一，关于铁的认识也成为高考中的热点话题。本节课就由老师带领大家总结并掌握它们之间的相互转化关系 | 集中精神，认真听讲 | 联系生活实际引起大家注意导入新课——铁及其化合物的相互转化 |
| 2min | 【提问】同学们回忆一下自然界中铁的化合物都有哪些？回想一下常见铁的价态，并从氧化还原的角度分析它们具有的性质。<br>【讲述】这位同学回答得很完整，Fe 有还原性，$Fe^{2+}$ 既具有氧化性又具有还原性，$Fe^{3+}$ 有氧化性 | 【回答】$Fe_2O_3$、$Fe_3O_4$、$FeCl_3$、$FeSO_4$；Fe 有还原性，$Fe^{2+}$ 有还原性和氧化性，$Fe^{3+}$ 有氧化性 | 回顾旧知识，为下面的提问做铺垫。熟练掌握已学知识，探查引导，分步提问 |
| 5min | 【提问】我们知道了常见铁的几种化合物，并分析了它们具有的性质，下面请同学继续思考如何实现不同价态铁的相互转化。<br>【讲述】很好这位同学说，单质铁能与酸反应，实现 Fe 到 $Fe^{2+}$ 的转化；同学二说，$Fe^{2+}$ 被 CO 还原，实现 $Fe^{2+}$ 到 Fe 的转化；同学三说，向 $Fe^{3+}$ 溶液中加入铁粉，实现 $Fe^{3+}$ 到 $Fe^{2+}$ 的转化；同学四说，向 $Fe^{2+}$ 溶液中通入氯气，实现 Fe 到 $Fe^{3+}$ 的转化；同学五说，单质铁被 $Cl_2$ 氧化，实现 Fe 到 $Fe^{3+}$ 的转化；同学六说，$Fe^{3+}$ 被 CO 还原，实现 $Fe^{3+}$ 到 $Fe^{2+}$ 的转化。<br>【提问】还有没有同学要补充呢？<br>【讲述】很好，请坐。$Fe^{2+}$ 同样能与锌反应得到 Fe。同学们积极参与回答，但回答得不够完整，下面老师来为大家补充 | 【回答】Fe 与酸反应，从 Fe 到 $Fe^{2+}$；$Fe^{2+}$ 与 CO 反应得到 Fe；$Fe^{3+}$ 与 Fe 反应得到 $Fe^{2+}$；$Fe^{2+}$ 与 $Cl_2$ 反应得到 $Fe^{3+}$；Fe 与 $Cl_2$ 反应生成 $Fe^{3+}$；$Fe^{3+}$ 被 CO 还原得到 Fe。<br><br>【回答】$Fe^{2+}$ 与锌反应得到 Fe | 引导学生思考，激发学习动机。<br><br>组织学生思考，锻炼总结能力。<br><br>构建知识网络，提高学生知识认知能力。对学生的回答作出鼓励性评价 |

续表

| 时间 | 教　师　行　为 | 学　生　行　为 | 技能要素 |
|---|---|---|---|
| 6min | 【讲述】同学们请看这里，Fe 如何转化为 $Fe^{2+}$，向 $Fe^{3+}$ 溶液中加入少量的铁粉可以得到 $Fe^{2+}$，单质铁加入到铜溶液中置换出铜单质的同时可以得到 $Fe^{2+}$，铁与稀酸反应得到 $Fe^{2+}$，硫粉和铁在加热的条件得到硫化亚铜。接下来我们看，从 $Fe^{2+}$ 到 Fe 的有关反应方程式。根据金属的活动顺序，向 $Fe^{2+}$ 溶液中加入金属锌，置换出铁单质，碳与氧化亚铁在加热的状态下生成铁单质同时生成二氧化碳，除此之外，氢气还原氧化亚铁能够得到铁单质。铁丝在氯气中点燃得到 $Fe^{3+}$。铁还可以被硝酸氧化得到三价铁。发生铝热反应得到铁单质的同时生成氧化铝，实现了 $Fe^{3+}$ 向 Fe 的转化，向 $Fe^{2+}$ 中通入氯气，可以从 $Fe^{2+}$ 转化为 $Fe^{3+}$，$Fe^{2+}$ 溶液被过氧化氢氧化得到 $Fe^{3+}$。$Fe^{2+}$ 可以被酸性高锰酸钾、硝酸氧化得到 $Fe^{3+}$，实现了由 $Fe^{2+}$ 向 $Fe^{3+}$ 转化，向 $Fe^{3+}$ 溶液中加入少量的铁粉或铜粉可以生成 $Fe^{2+}$，实现 $Fe^{3+}$ 向 $Fe^{2+}$ 的转化。以上就是关于不同价态铁之间的相互转化及有关化学反应方程式的书写 | 集中精力，认真听讲，做好笔记。　　认真思考，初步建立铁三角思维框架——Fe 有还原性，$Fe^{2+}$ 既具有氧化性又具有还原性，$Fe^{3+}$ 具有氧化性。　　通过教师引导，回忆氧化还原相关知识，进一步建立铁三角知识框架 | 扩充知识，提升学生认知水平。　　联系知识进行归纳总结。　　逐步递进，加深问题，分析问题的本质，通过交流探讨和学生活动对学生的行为作出评价。　　过渡衔接，了解学生对知识的掌握程度 |
| 7min | 【提问】同学们发现 $Fe^{2+}$ 与 $Fe^{3+}$ 之间的相互转化有什么规律？　　【讲述】这位同学回答得很对，向二价铁溶液中加入强的氧化剂使 $Fe^{2+}$ 转化为 $Fe^{3+}$，向 $Fe^{3+}$ 溶液中加入还原剂使 $Fe^{3+}$ 转化为 $Fe^{2+}$ | 【回答】加入强的氧化剂使 $Fe^{2+}$ 转化为 $Fe^{3+}$，加入还原剂使 $Fe^{3+}$ 转化为 $Fe^{2+}$ | 学生的回答给与评价和鼓励 |
| 10min | 【联系生活实际练习】下列溶液可以用铁桶来装的是（　　）A、$CuSO_4$　B、$HNO_3$（浓）　C、$Fe_2(SO_4)_3$　D、$H_2SO_4$（浓）　E、浓盐酸　　【讲述】很好，请坐。这位同学回答得很正确。首先我们来看 B、D，浓硫酸与浓硝酸可以用铁桶来装，因为铁与浓硝酸、浓硫酸反应形成致密的氧化膜，发生钝化，隔绝了铁与溶液继续发生反应。故这两种溶液可以用铁桶来装。　　【提问】那么请同学们思考一下，其他三种溶液为什么不能用铁桶来装呢？　　【讲述】很好，请坐。硫酸铜溶液可以与铁发生反应置换出铜单质，硫酸铁与 Fe 发生反应生成 $Fe^{2+}$，浓盐酸与铁反应会生成氢气，不难看出这三种溶液不能用铁桶来装 | 认真思考，各抒己见，踊跃回答教师提问。　　【回答】学生代表回答：B、D，因为浓的硝酸和盐酸可以使铁发生钝化。　　【回答】硫酸铜与铁生成铜，硫酸铁与铁也反应，浓盐酸与铁生成氢气和氯化亚铁 | 通过练习，考查学生掌握知识的程度。　　对题目进行剖析，加深学生对本节知识的印象和提高学生对知识的应用能力。　　对学生的回答给予肯定，作出总结强调，加深印象 |
| 10.5min | 【结束】可以看出大家对本节课的内容掌握得很好，关于不同价态铁的相互转化今天就为大家讲解到这里 | 回忆知识点，形成认知体系 | 结束讲解 |

### 三、提问技能教学案例评价

提问技能是一项重要的教学技能，被用于整个教学活动中，成为联系师生思维活动的纽带。有效的提问可以开启学生心灵，诱发学生思考，开发学生智能，培养学生思维，达到培养学生综合能力的终极目标。下面将从四个方面对周老师的提问技能教学片断进行分析、评价。

（一）学生学习维度

（1）准备。学生在教师的讲解过程中回忆氧化还原的相关知识点，学生在课前能够认真地对所讲解的内容进行初步的预习，对新知识能够做到练习相关知识点，并进行总结。对于准教师或初登讲台的化学教师来说，在教授新课之前，应该及时要求、督促学生进行预习、复习，并做好相关的检测工作，检测环节可以设置在课堂上或者以其他方式进行。养成良好的习惯，才能有效学习知识，并对教师的教学提供帮助。

（2）倾听。在整个提问技能训练过程中，课堂上呈现出教师根据学情需要，针对新知识，不断创设问题，学生认真思考、踊跃回答的局面。学生能够认真倾听教师不同层次的提问，积极思考；学生能够认真倾听其他同学的回答，在此基础上回忆旧知识，完成铁三角知识体系的构建。建议教师启发学生提出问题，不仅仅停留在认真倾听的层次上。要求教师能合理设置教学环节，考虑学生的认知水平，合理发挥学生的"最近发展区"。

（3）互动。师生的互动主要表现：教师启发提问，学生正确回答。每次周老师提问后，学生能够和教师、其他同学达成共鸣、认同、默契。教师能够根据学生的基本学情、教材的难易程度合理、有效地预设问题，通过提问达到巩固知识的目的。师范生在训练的过程中还需注意，真实的教学和微格教学有很大区别，真实的学生和微格教学中的学生也不尽相同。

（4）自主。学生能够主动自主学习，提前回忆复习所学相关知识——氧化还原知识。知道氧化剂和还原剂的实质，在本节课中，有助于铁三角体系的形成。教师们在教学过程中，要不断关注并努力提高学生的自主学习能力，无形中可以减少教学资源的投入。通过观察发现，教师虽多次提问，但回答的学生总是某几个。教师在教学中时常忽略学困生的学情，学困生才是教学的主要对象，调动学困生的积极性才是关键。

（5）达成。周老师的教学设计考虑到学生对知识的接受情况，在教学环节上，设置了书写铁三角体系框架，同时，通过挂图对三者关系继续加强，照顾学生的记忆情况。学生多次正确回答教师提问，并以集体回答、个人回答等不同方式。建议：教师对于元素化合物知识的学习，涉及反应较多，可设置不同形式的教学环节，从感官上刺激学生加强记忆。

（二）教师教学维度

（1）环节。通过统计，周老师在提问技能类型上精心设计，提问类型不同，主要有以下几种：1）回忆提问。让学生回忆铁的化合物都有哪些？让学生用以往所学知识填写铁三角。2）判断提问。做习题时让学生判断哪个答案正确。3）理解提问。分析问题，填写铁三角。4）分析提问。从氧化还原角度分析各自具有的性质。5）比较提问。问二价铁和三价铁之间的转换关系有什么特点？6）综合提问：做习题时让学生从正、误两方面分析。

不同提问类型的使用，能启迪学生积极思考，激发学习兴趣。当学生思维还没有启动的时候，提问使他们产生疑惑。当学生积极思考时，提问会帮助学生开辟思路使之顿悟；当学生在整理问题时，提问会使学生的思维有条理地收拢，得出结论。周老师的问题设置具有目的性、指向性，难易程度适中，问题设置和铁三角及其化合物间的转换有关。当学生出现思考空白时，周老师会重复问题，给予学生足够的思考空间。

（2）呈示。本节课刚开始时周老师表情稍有呆板，如果自然、轻松一些会更好。周老师语速太快，教师的教学语言应尽力做到精炼、准确、亲切、适时。当老师有意识地、科学地组织语言进行课堂交流，教师与学生心灵间产生互动时，才有可能产生高质量的课堂教学。因此教师不仅要有广博的知识、丰富的内涵，同时还要具备驾驭课堂的能力。值得一提的是，周老师将复杂的铁三角框架呈现在黑板上，板书工整、条理清晰。

（3）对话。马同学回答铁的化合物后，周老师说"同学们知道铁的化合物不少"欠妥，应该说马同学知道的化合物不少。潘同学回答完铁的价态及其氧化还原性后，周老师让学生自己进一步总结铁三角间的转化，最后给予总结，既培养了学生思考问题的能力，又加深了学生对所学知识的理解。周老师在填写铁三角时没有对学生的回答作出评价。恰当的评价不仅使学生获得正确答案，对学生的积极性也是一种肯定。教育心理学知识告诉我们，学生期待的不是教师对答案的正确分析，而是对自身能力的认可。

（4）指导。周老师在提问铁的几种常见化合物的价态及性质后应稍停顿，因为问题比较长，学生需要思考。教学需要必要的空白时间，在可能的前提下，让学生能够有充分的时间思考。在填写铁三角间的转换关系时，通过标出铁元素化合价，思考不同价态铁元素之间的转化，启发思维主动学习。启发学生从氧化还原角度来进行转换，从而自己探究出它们之间的转换关系。最后通过让学生做练习题，老师再对学生的回答做出总结，给学生的答案做出反馈，复习巩固促进迁移。

（5）机智。周老师在书写板书时，两次出现涂改。板书设计要板面整洁、字迹工整、条理清晰。教学设计时，板书的设计也是重要的组成部分。初登讲台的教师，课前要对板书进行练习，避免用手擦去黑板上的错字。即使在书写板书时出现错误或布局不合理的地方，教师应该使用板擦大方地擦去，任何时候都要保证教态大方。

（三）课程性质维度

在教学目标的设置上，周老师通过设计不同类型的问题，启发学生思维，最终使学生在不断的思考中建立铁三角体系，从氧化还原角度掌握铁单质和不同价态铁元素的转换。先让学生建立铁三角体系，然后通过挂图巩固铁元素的相互转化，最后联系生活实际巧用习题，升华提高。教学目标适合学生水平。教学内容适量，将讲解中的三大环节合理连接，反复巩固知识点，完成了预设教学内容的学习。

周老师在微格教学提问技能训练中，不断鼓励学生回答问题生成知识体系。学生集体回答问题可以促进全体学生参与思考过程，个别回答问题可以刺激其他学生吸取别人的长处。

纵观教学评价与生成，周老师欠缺对学生回答的评价。新老师要在不断的练习中，养成对学生进行评价的习惯。在教学过程中，特别是学困生或者不经常回答问题的学生，更加希望得到教师的认可。作为教师，我们应该始终尊重每一位学生，决不能因为学生的表现和教师预想的一样或者为了节省教学时间而缺少教学评价环节。

本节课周老师只使用了挂图辅助教学。通过挂图展示铁及其化合物之间的转换关系，但挂图设置只是书写了很多相关方程式，形式单调内容多，不能从感官上引起学生的兴趣。如果用氧化还原的知识将铁及其化合物的转化总结出来效果会更好。教师在进行媒体的选择时，需将传统媒体和现代媒体结合使用，比如传统的挂图比 PPT 图片展示更加直接，也可布置学生制作挂图。

（四）课堂文化维度

师生互动关系得到建立，老师关注学生的学习行为，与学生建立平等的互动关系，课堂上师生关系融洽，学生的学习积极性较高。本次技能训练，通过教师的引导，学生积极配合，在此过程中，学习热情高涨。学生在教师的安排下积极思考，努力进取不正是新课改所提倡并要求的吗？教师应该努力从学生的学习动机出发，尝试变化教学方式，让学生发自内心的"兴奋"。

在师生关系中，相互尊重才能营造良好的课堂文化。教师们不能因为害怕缺失教学时间，减少或缺少教学评价环节，日积月累，学生的人格长期得不到尊重，便会逐渐失去学习兴趣，严重者彻底放弃本学科的学习。

综上，周老师的课堂，通过对学生进行提问充分发挥学生自身的潜能，以学生为本，以启发为主。整个教学设计思路层层进入，以提问的方式增加对学生的了解，多和学生沟通与交流，接收学生在学习化学上存在的疑问等有效信息，有针对性地进行教学。同时也能增加师生的感情，令课堂气氛愉快，促进师生互动，增强教学效果。总体来说，周老师表现大方，同学积极回答问题。周老师将提问技能的要素运用得很好，整节课的课堂气氛融洽，希望周老师能在以后的教学中再接再厉。

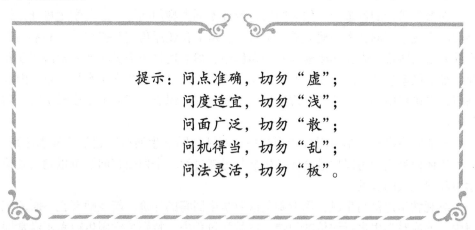

提示：问点准确，切勿"虚"；
　　　问度适宜，切勿"浅"；
　　　问面广泛，切勿"散"；
　　　问机得当，切勿"乱"；
　　　问法灵活，切勿"板"。

# 第五章 板书技能

课堂上，学生应有一张"知识地图"，有了这张地图，目标才能明确，才能少走冤枉路。

——魏书生

**学习目标：**

**知识：** 了解板书技能的概念、功能，了解提纲式板书、表格式板书、网络式板书、思维导图式板书等类型；

**领会：** 理解板书技能的书写同步、板书板画、版面布局、内容编排等构成要素和应用要点；

**应用：** 选取中学教材一节内容，编写规范的板书技能教学设计，并反复练讲；

**评价：** 根据学生学习、教师教学、课堂文化、课程性质四个维度，熟练运用板书技能课堂观察量表进行板书技能训练案例评析。

# 第一节 板书技能概述

板书技能是教师运用在黑板或电子白板上书写文字、符号或绘图等方式，向学生呈现教学内容，分析认识过程，使知识概括化和系统化，帮助学生正确理解并增强记忆的一类教学行为。

在化学课堂教学中，教师主要用语言向学生传递教学信息。但是，作为辅助教师口语表达的文字信息（包括符号、表格、图示等）即板书，是不可缺少的。教师的口语讲授调动了学生的听觉，板书是调动学生视觉的重要手段。板书可以系统、概括地展现讲授的内容，能够长时间、多次地向学生传递信息。好的板书，往往是教师对教材的一种"再创造"，它集教材的"编路"，教师的"教路"和学生的"学路"于一体，能充分体现教师对教材的深刻理解和巧妙处理，显示教师的教学思想、教学风格、教学智慧。

板书包括两个基本组成部分，即正板书和副板书。正板书是教师在对教学内容进行概括的基础上，提纲挈领地反映教学内容的书面语言，可以是要点讲授、层次分析、论点论据、概括总结。主板书是教师在备课过程中就已经精心准备好的。主板书作为教材内容的框架应保留下来，一般来说，一节课应有一个完整的板书计划，讲课结束后，黑板上应留下一个完整、美观的板书。

副板书是在教学过程中教师为了引起学生注意或是为了解释一些学生难以理解的字、词，顺手写在黑板右侧的书面语言。如教师在讲课中遇到的一些关键词，引用的公式，学生没听懂的一些字、词，随手写在黑板的右侧，这些都是副板书。副板书没有必要保留很长时间，往往只要起到辅助口语表达的效果，可以随即擦掉。

# 第二节 板书技能的功能

板书既是课堂教学的重要组成部分，又是课堂教学内容、步骤、方法的体现，它不仅反映出课堂教学的重点与难点、知识间的逻辑关系，还可以给学生以整体的印象，为学生反思学习提供一个载体。它具有以下五点功能：

（1）传授教学知识。教学中的板书是传授知识的桥梁，是对教材内容的简要概括，它提纲挈领地再现教学内容，理清教学内容的层次，体现教学内容的内在联系。通过板书，教师可以把本节课的教学内容分步骤有条理地展示给学生，使学生形成系统的知识结构。

（2）突出教学重点。板书可以记录和保留讲解的要点，它所展现的内容是本节课的重点和精华，学生通过观看板书，能够产生较强的视觉刺激，加深学习的印象，明确学习的重点，有助于正确理解教学内容。在板书中对于重点内容的标题、关键词语可用彩色粉笔予以强调。

（3）梳理教学过程。板书的过程是教师引导学生进行积极思考和总结的过程，是学生由被动接受到主动思考的过程，是思维意识由具体到抽象的转化过程，是知识由记忆到理解的转化过程，是具体知识经总结上升到理论的过程。板书的过程不仅让学生充分体验了学习过程，还有效引导了学生随着教师的思路进行思考，增加了学生课堂的参与度。

（4）体现教学风格。老师对教材的理解不同，教学的侧重点也必然会有区别，板书的书写正是教师不同教学风格的体现。好的板书，将繁杂的教学信息浓缩成简明的符号或图形，它是教师多年教学经验的总结，也是教师教学水平的直观体现。它能够潜移默化地影响学生的学习态度和审美情趣，也能够增加教师魅力，美化教师在学生心中的形象。

（5）展示教学艺术。教师规范、工整、流畅的粉笔字，巧妙的构思，娴熟的板画功夫，对学生来说无疑是一种美的享受。图文并茂、趣味横生的板书能够激发学生的学习兴趣，加深对知识的理解和记忆。从板书中，学生还能够学习到书法、绘画、制表等多种表达方式，同时也能感受到色彩和图形的美，受到艺术的熏陶，激发学习科学知识的欲望。

## 第三节　板书技能的构成要素

板书是课堂教学的重要组成部分，又是课堂教学内容、步骤、方法的体现，是教与学思路的反应，是师生信息双向交流的桥梁。板书技能包括以下四项要素：

（1）内容编排。教材上用几页文字表达的内容，板书用几个标题或几句话就能够把它的要点概括出来，并把内容之间的关系表达清楚，因此板书在重组教材内容，浓缩教材精华的同时，更科学、系统、概括地反映了教学内容的知识结构。所以，教师应当从板书标题的确定、表现形式、各部分内容的顺序、相互之间的呼应和联系、文字详略等方面设计编排好板书的内容。

（2）版面布局。板书可以分成：正板书和副板书。正板书是一节课的主要教学内容，也是一直要保留在黑板上的内容。副板书是可以在黑板上随写随擦的板书。对于学生熟悉，而又必须推导、计算的过程，提醒学生注意的公式、定理，诱导学生思维的草图以及学生的板演等，都是副板书的内容。对于副板书也要注意局部内容的完整。副板书通常写在黑板的最右边。

合理的板书布局有利于教师讲解、学生思考和领会知识。另外布局还包括要合理安排板书与教学挂图、屏幕投影的位置等，以利于学生听课、观看和记录。

（3）板书板画。板书是由语言文字符号、代号、记号线条、表格、图示等构成元素展现的教学内容，可以分为板书和板画。板书的书写要规范，板画要简洁、形象、富有美感。在化学教学中，教师实施板书行为主要是文字、化学用语的书写和一些简图及仪器装置图的绘制。书写文字和化学用语要正确工整、笔画清晰、笔顺规范、大小适当。一行字要写平直，书写时身体不要挡住学生的视线。画仪器装置图时，注意大小比例恰当，掌握基本的绘图笔法。

（4）书写同步。板书必须与讲解统一，与其他教学活动相配合。板书的书写、投影片的展示，要把握好时机，力求顺理成章，避免随意性。教师的板书要与讲解或演示实验紧密配合，做到边讲（或边演示）边板书，书讲同步进行。书写、画图要尽量迅速，避免浪费时间，分散学生的注意力，影响教学效果。

## 第四节　板书技能类型

一般来说，按照板书的作用及其重要性，板书分为正板书和副板书。依据表现形式的不同，可以将板书分为以下几种类型。

### 一、提纲式板书

提纲式板书是把教学内容用精炼的文字提纲挈领地反映出来的板书形式。它以文字表达为主，具有条理清晰、层次分明、内容系统、要点突出等特点，有利于记录和复习。元素化合物性质课多采用这种板书，如图 5-1 所示。

氧气的化学性质

二、氧气的化学性质

1. 木炭的燃烧

现象：剧烈燃烧，发出白光，生成的无色无味气体能使澄清的石灰水变浑浊。

$$碳(C) + 氧气(O_2) \xrightarrow{点燃} 二氧化碳(CO_2)$$

2. 硫的燃烧

现象：发出明亮的蓝紫色火焰，有刺激性气味，放出热量。

$$硫(S) + 氧气(O_2) \xrightarrow{点燃} 二氧化硫(SO_2)$$

3. 铁丝的燃烧

现象：剧烈燃烧，火星四射，生成一种黑色的固体。

$$铁(Fe) + 氧气(O_2) \xrightarrow{点燃} 四氧化三铁(Fe_3O_4)$$

图 5-1　氧气的化学性质板书设计

### 二、表格式板书

表格式板书是指把主要的教学内容填入特制的表格之中的板书形式。表格式板书能够对有关概念、实验、物质的性质等进行归纳分类对比，既可以教会学生分析、比较、归类的学习方法，又有利于学生掌握有关知识和培养分析概括的能力，见图5-2。

| 现　象 | 定　义 | 原　理 | 用　途 |
|---|---|---|---|
| 丁达尔现象 | 当可见光通过胶体时，在入射光侧面观察到明亮的光区 | 光的散射 | 鉴别胶体和溶液 |
| 电　泳 | 在外加电场作用下，带电的胶粒在分散介质中定向移动的现象 | 胶粒的吸附性 | 制作豆腐 |
| 聚　沉 | 胶体微粒的静电斥力被破坏，聚集沉淀的一种现象 | 阴阳离子电性中和 | 金属的保护 |
| 布朗运动 | 大量分子做无规则的热运动而产生的碰撞 | 分子本身的热运动 | 分子的扩散 |

图5-2　胶体的性质板书设计

### 三、网络式板书

网络式板书是将文字、化学符号或简单图示用线条、箭头、框图等建立联系的板书形式。这类板书的特点是抓住一个中心，多方位联系相关知识的辐射，揭示概念与规律间的内在关系，使前后知识形成脉络体系，即使之立体化、网状化、规律化。网络式板书便于学生了解知识的结构和内在联系，掌握比较复杂的内容，在授课时找出关键的知识点，也有利于培养学生的逻辑思维能力，如图5-3所示。

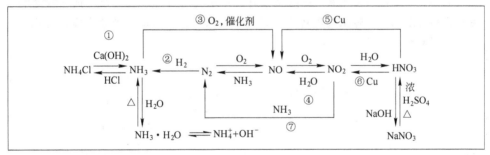

图5-3　氮的转化板书设计

### 四、思维导图式板书

思维导图式板书是把主题关键词与图像、颜色等建立记忆链接，有利于人脑对知识的统摄，便于思考、交流和表达的板书形式。用思维导图展示知识间的内在联系与逻辑关系的板书设计，能够使学生学习时目标明确、脉络清晰，有利于开发学生的空间智能，对于培养统摄思维和创造性思维都有巨大帮助，如图5-4所示。

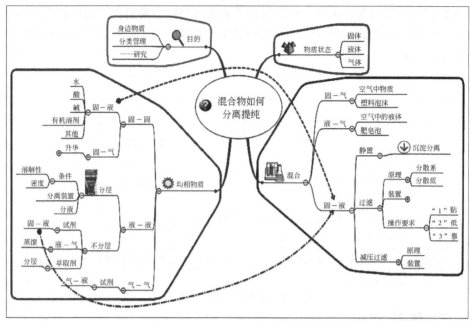

图 5-4　混合物的分离提纯板书设计

### 五、图解式板书

图解式板书是指用简图、示意图或图像展现教学内容的板书形式。它的特点是思路清楚、系统性强，使比较复杂或分散的问题变得简练、明确。图解式板书适用于比较复杂的化学基本理论课的教学以及复习课，如图 5-5 所示。

例如，在复习卤素元素——氯元素时，可在共同回忆各类反应之间内在的联系和区别的基础上，师生共同得出下列所示关系图，从而使这部分内容系统化结构化，图解板书如下：

$Fe^{3+} \leftarrow Fe^{2+}$

$Br_2 \leftarrow Br^-$　　与还原性化合物反应　　　与金属反应　　$Na \rightarrow NaCl$（白色烟）

　　　　　　　　　作还原剂　　　　　　　　作氧化剂　　$Cu \rightarrow CuCl_2$（黄棕色烟）

$S \leftarrow S^{2-}$　　　　　　　　　　　　　　　　　　$Fe \rightarrow FeCl_3$（棕色烟）

$HClO+HCl \leftarrow H_2O$　　　　　　　$Cl_2$　　　　　　　$H_2 \rightarrow HCl$（白色）

　　　　　　　与水或碱反应　　　　　与　　　与非金属反应

　　　　　既作氧化剂，又作还原剂　　有　　　作氧化剂

　　　　　　　　　　　　　　　　　机　　　　　　　　$P \rightarrow PCl_3$ 和 $PCl_5$（白色烟雾）

$NaClO+NaCl \leftarrow NaOH$　　　　　物

　　　　　　　　　　　　　　　　　反

　　　　　　　　$CH_4$　　　　　应　　$CH_2=CH_2$

　　　　　$CH_3Cl$ 等　　　　　　$CH_2Cl-CH_2Cl$　　　⬡-Cl

图 5-5　氯及其化合物的性质转化板书设计

### 六、板画式板书

板画式板书是以简洁明快的线条、图画等表现教学主要内容的板书形式。要求在画装置简图时做到装置合理、比例确当、结构紧凑、层次清晰、重点突出、线条分明；绘制图案时要化繁为简、对比鲜明、关系清楚、突出重点、并且要体现代表性和启发性。

图5-6　氧化还原反应板书设计

例如，讲氧化还原反应时可以设计成小动物图案，增强趣味性，易于记忆，如图5-6所示。

综上所述，板书的类型多种多样，无固定模式，如何选用要根据教学内容、学生特点的实际情况而定。只有恰当地使用板书，才能使教学效果最优化。

## 第五节　板书技能的应用要点

板书具有简明、直观的作用，教师在讲解时配合直观板书，更能突出和明确讲解的结构框架。板书技能主要有以下五个应用要点：

（1）把握准确性。板书的内容多是教学的重点，保留的时间又长，可说是"一字千金"，如果板书出现了错误，带来的影响较大，甚至难以挽回。因此，板书的内容要正确，不失科学性，出现在板书中的词语、图表、公式等必须准确、规范、科学。

（2）注意系统性。教师在备课的时候，应按照教学内容的知识结构设计板书，紧扣教学目标，条理清晰。要体现各部分的关系，如从属关系、并列关系、因果关系或递进关系等。板书要体现学生的认知过程，讲究先后次序，哪些内容写在前面为后面的知识做铺垫，哪些内容写在后面都不能随意变化。

（3）强调概括性。教学板书是教学内容的高度概括和浓缩。板书应字迹工整、言简意赅，具有高度的概括性，真正反映重点、难点、关键点等核心内容，使学生看过以后一目了然，很容易纳入到自己的认知结构中去。

（4）具有示范性。教师的板书应具有示范性。教师端正清楚、整齐美观的板书对学生的作业会有很大的影响。绘制化学仪器和实验装置图时，力求图形正确、线条分明、大小合乎比例、位置摆放适当、整个装置符合科学原理。

（5）富于艺术性。板书的艺术性，是指它的创造性、生动性、灵活性、趣味性等。应注意醒目、清晰、美观、规范、准确、工整、不自造简化字、讲究艺术性。一幅好的板书，看上去就像是一件艺术品，会给学生留下深刻的印象，能给学生美的启迪和享受。

## 第六节　板书技能课堂观察评价量表

板书技能课堂观察评价量表见表 5-1。

**表 5-1　板书技能课堂观察评价量表**

| 一级指标 | 二级指标 | 三级指标 | 权重 | 得分 |
|---|---|---|---|---|
| 学生学习（20 分） | 准备 | 1. 学生课前是否准备用具（教科书、笔记本、学案）<br>2. 学生对新课是否预习 | 0.04 | |
| | 倾听 | 3. 学生是否认真倾听教师授课<br>4. 学生是否能复述教师讲课或其他同学的发言<br>5. 倾听时，学生是否有辅助行为（记笔记、查阅资料、回应等） | 0.06 | |
| | 互动 | 6. 学生能否积极回答教师提问，主动参与讨论<br>7. 板书时学生是否有学习性行为（记笔记，看书） | 0.04 | |
| | 自主 | 8. 学生能否有序进行自主学习<br>9. 学生自主学习效果如何 | 0.04 | |
| | 达成 | 10. 通过板书，学生是否条理清晰，明确学习内容 | 0.02 | |
| 教师教学（40 分） | 环节 | 11. 板书书写的时间<br>12. 板书的书写，投影的展示是否符合教学的要求<br>13. 正副板书的内容布局安排是否得当<br>14. 各部分内容相互之间的呼应和联系是否恰当 | 0.16 | |
| | 呈示 | 15. 书写文字和化学用语是否正确、工整<br>16. 板书字体大小、详略安排是否得当<br>17. 正副板书的空间安排是否有利于学生观看、记录 | 0.12 | |
| | 对话 | 18. 教师是否通过板书指导学生自主合作学习 | 0.04 | |
| | 指导 | 19. 教师采用何种辅助教学媒体（挂图、模型、音频、视频、PPT 等），效果如何 | 0.04 | |
| | 机智 | 20. 教师能否根据板书实际情况，合理运用科学挂图、屏幕投影等教具 | 0.04 | |
| 课程性质（20 分） | 目标 | 21. 目标是否适合学生水平<br>22. 课堂有无新的目标生成 | 0.04 | |
| | 内容 | 23. 教学内容是否凸显学科特点及逻辑关系<br>24. 容量是否适合全体学生 | 0.05 | |

| 一级指标 | 二级指标 | 三 级 指 标 | 权重 | 得分 |
|---|---|---|---|---|
| 课程性质<br>（20分） | 实施 | 25. 教师是否关注学习方法的指导 | 0.03 | |
| | 评价 | 26. 教师如何获取评价信息（回答、作业、表情）<br>27. 教师对评价信息是否解释、反馈、改进 | 0.05 | |
| | 资源 | 28. 预设的教学资源是否全部使用（挂图、模型、音频、视频、PPT 等） | 0.03 | |
| 课堂文化<br>（20分） | 思考 | 29. 全班学生是否都在思考<br>30. 思考时间是否合适 | 0.05 | |
| | 民主 | 31. 课堂氛围良好，文化气息浓厚，师生互动及时<br>32. 课堂上学生情绪是否高涨 | 0.06 | |
| | 创新 | 33. 教室整洁，座位布置合理，便于教师走下讲台，与尽可能多的学生互动交流 | 0.03 | |
| | 关爱 | 34. 师生、生生交流平等，尊重学生人格 | 0.03 | |
| | 特质 | 35. 哪种师生关系：评定、和谐、民主，效果如何 | 0.03 | |

# 第六章 讲 解 技 能

当一个人遇到在他经验预料之外的事情，填补人们经验与这些新现象之间的沟通是讲解的功能。

——史密斯

解释给人以知识是以这样一种方式，也就是使相互依赖着的事件之间的关系明确的方式。

——浩格

**学习目标：**

**知识：** 了解讲解技能的概念、功能，了解解释型、描述型、讲述型等类型；

**领会：** 理解讲解技能的形成框架、突出要点、语言表达、使用例证、反馈调整等构成要素和应用要点；

**应用：** 选取中学教材一节内容，编写规范的讲解技能教学设计，并反复练讲；

**评价：** 根据学生学习、教师教学、课堂文化、课程性质四个维度，熟练运用讲解技能课堂观察量表进行讲解技能训练案例评析。

# 第一节　讲解技能概述

讲解技能是指教师运用语言辅以各种教学媒体，引导学生理解教学内容并进行分析、综合、抽象、概括，进而达到向学生传授知识和方法、启发思维、表达思想感情的一类教学行为。教师讲解的过程，既是知识外化的过程，又是学生接受和理解知识的过程。通过讲解使学生能够充分感知感性材料，使学生对知识从感性认识上升到理性认识。在化学课堂教学中，讲解技能既可用于描述现象和结构，说明原理，解释原因，又可用于引导思维、剖析疑难、概括方法、总结规律，是教学中使用最多的教学技能。

教师的讲解促使学生有意义地接受学习，明确新旧知识之间的联系和新知识中各要素之间的关系。认知同化理论是美国现代著名认知心理学家奥苏伯尔提出来的一种学习理论，该理论阐述了学校课堂情境中学生学习的规律。奥苏伯尔认为学校中的学习最主要的应该是有意义地接受学习，有意义学习的过程就是原有观念对新观念加以同化的过程，即把新信息纳入到原有的认知结构中去，用原有的知识来解释新知识，或者以新知识充实、改组原有的认知结构。有意义的同化理论认为，当学生新旧知识同化受阻时，教师运用学生容易接受的引导性材料，帮助学生建立新旧知识之间的联系。由于这种引导性材料呈现在正式学习之前，并能帮助学生组织和把新知识纳入到认知结构。

新知识的获得主要依赖原有认知结构中的适当观念，而且必须通过新旧知识的相互作用，有意义的学习才能实现。因此，教师在讲解的过程中，要深刻理解认知同化理论的含义，让课堂讲解充分发挥其传授知识、启发思维的教学功能。

# 第二节　讲解技能的功能

讲解作为课堂教学的主要手段，其目的是顺利完成各项教学任务，积极发挥教师在教学过程中的主导作用，既向学生传递知识，又有效地启发学生思维。讲解技能具有以下三方面的功能：

（1）发挥教师的主导作用。教师的主导作用自始至终贯穿在学生的学习过程中。教师选择讲解的内容、讲解的方式、讲解程度的深浅、讲解时间的长短、讲解进程的快慢等，有着非常大的主动权，充分展现教师个人的基本功，发挥优势力量，顺利完成教学目标和教学任务。讲解的内容经过教师系统的整理、合理的删减，将冗杂的知识去粗取精，加以提炼和升华，使学习内容更加系统，更有针对性，发挥教师在教学过程中整体把握教学内容的主导作用。

（2）突破教学重点难点。重点是学习内容的关键部分，课堂教学的精要之处。难点指必须经过严密的逻辑推理、剖析、综合比较才能准确掌握的某一规律。在讲解过程中，教师不失时机且准确地强调重点和难点，通过语言说明、语调改变、提问等方式着意雕琢，使学生集中注意力，留下深刻印象，提高学习积极性。针对教学中的重点和难点，教师有针对性地、精练地、生动地讲解或联系生活实际讲解。这种由浅入深、由近及远、由已知到未知和循序渐进的讲解，可以有效地帮助学生掌握重难点知识。

（3）促进学生认知发展。课堂讲解不但向学生系统快捷地传授知识，而且促进学生的认知发展。教师讲课严密的逻辑，清晰的层次，准确的推理，透彻的分析和综合，会在潜移默化中影响到学生，使学生学会发现问题，提出问题，解决问题，学会建立清晰的解决问题的思路和方法。教师通过清晰、准确、有效的讲解，向学生介绍有效的学习方法，有利于培养学生的学习能力，提高学生的科学素养，促进学生的认知发展。

教师通过讲解使学生达到高水平的理解，对所学的知识知道"是什么"，能正确地描述所学知识的内容，达到概括知识的程度；对所学知识能说明"为什么"，能解释化学现象和理论之间的联系；对所学的知识能融会贯通地纳入到原有的知识结构，构成新的知识体系。

# 第三节　讲解技能的构成要素

讲解是一项综合技能，以使用语言为主，就其特点来说，无论何种类型的讲解，讲解技能包括形成框架、突出要点、语言表达、使用例证、反馈调整等要素。

（1）形成框架。教师要将教材的知识结构按照学生的认知规律清晰地展现出来，给学生留下深刻的印象。教师讲解的结构框架，是教材的知识结构、学生的认知结构以及教学方法的组织结构三者有机的结合，其中教材的知识结构是核心。教师可通过提出系列化的关键问题，清晰的板书，转承以及分析综合形成讲解框架。在学习新内容时，提出关键问题让学生思考，问题环环相扣，编织讲解的结构框架。清晰的、结构化的板书可以强化讲解的结构框架。教师准确、清晰的分析，适时、精辟的综合概括，可以帮助学生梳理和提炼知识结构，突出讲解的结构框架。

（2）突出要点。教师在讲解的过程中，集中时间和精力解决重难点问题，强调重难点问题的重要意义，引起学生的重视；讲到重难点问题多下些工夫，多用精力；在讲解重难点问题时，声音响亮，语气加重，吐字清晰，生动并富于逻辑；及时强化，做必要的巩固和练习，让学生牢固、灵活地掌握。例如，教师在讲解溶解度的定义时，对概念的关键字词：一定温度下、100g溶剂、饱和状态、质量重点进行分析解释。教师引导学生逐字、逐词的理解，并通过举例反复推敲、深刻领会溶解度的概念，帮助学生明确溶解度概念的内涵和外延，准确清楚地运用溶解度。

（3）语言表达。讲解过程中要用生动、形象、精练的语言，有趣典型的例子去解释和叙述。语调抑扬顿挫，表情自然亲切，富有亲和力的讲解会把学生带入学习的情境，使学生如见其人、其物、其景，神往陶醉。教师以生动、幽默、充满感染力的语言为学生描述栩栩如生的情境，很容易引起学生的注意力，提起学生学习的兴趣和欲望。

（4）使用例证。例证是学生进行学习的重要手段，是理论联系实际的良好纽带。典型的例证帮助教师把枯燥的、难以理解的化学知识讲生动，与学生所见所闻联系在一起。举例还应该通俗、形象、直观、易于理解，也有利于引起学生的学习兴趣。例证常用于以下讲解类型：当解释一个或一类化学事物时，将理论与实际更好地结合起来。

（5）反馈调整。教学是师生的双边活动，教师如果只注意自己讲，不注意学生学得如何，听得如何，是不会有好的教学效果的。教师应该根据学生接受信息的状况随时调节教师的语言、动作，教学的进度、深度或变换教学的方式，引导和指导学生顺利地获得知识。教学反馈可以沟通师生之间的关系，及时捕捉来自学生的反馈信息，使师生之间形成畅通的信息循环。

## 第四节　讲解技能的类型

讲解技能的类型根据不同的标准和层次去划分。化学课堂教学中的讲解一般可分为解释、描述、讲述、论述四种类型。

### 一、解释型

解释是教师为扫清学生学习的障碍，对学生不懂的名词术语、原理用通俗的话简要地说明，或是为了扩大学生的知识面，对一些已知的名词术语做补充说明。解释是一种最简单，然而又是不可缺少的讲解方式。解释的技能要求教师语言通俗、简练，能一语道破。在教学中遇到第一次出现的名词或概念，不熟悉的化学事物，不常用的化学名词，教师可以配合图片、幻灯或录像加以解释。

---

**案例：　　　　　　　阿伏伽德罗常数到底有多大？**

教师解释：阿伏伽德罗常量的近似值是 $6.02 \times 10^{23}$，这个数有多大呢？根据摩尔的意义，在 1mol 水中大约有 $6.02 \times 10^{23}$ 个水分子。假设有 10 亿人来数 1mol 水中的分子个数，如果每个人都以每秒钟数一个分子的速度不停地数下去，数完这些水分子大约需要2000万年。可见，阿伏伽德罗常量是个非常大的数。正因为它是如此之大，$6.02 \times 10^{23}$（阿伏伽德罗常量）个很小的水分子聚集在一起成为液态水时，就可以用天平来称量（18g），用量筒量取（约18mL）。

阿伏伽德罗常数的学习将学生带入微观世界，学生对微观世界量的观念非常淡薄，很难建立微观与宏观量之间的关系，教师通过通俗易懂的例子，用宏观上体积、质量的表述，向学生解释阿伏伽德罗常数到底有多大，帮助学生建立清晰、明确的认识。

## 二、描述型

描述是用生动、形象、逼真的语言将化学物质的分布状况、存在形态等表述出来。描述物理化学性质，就是在学生的头脑中准确地建立对物质的直观认识。描述化学实验现象的目的是让学生建立起清晰的化学物质的表象，获取感性知识。描述化学事件时，描述事件发生的时间、地点和情节等过程，使教学内容丰富多彩。

案例：　　　　　　　　　　戴维电解苛性钠

教师：1807年戴维电解熔融苛性钠时，在阴极上出现了具有金属光泽的、类似水银的小珠，一些小珠遇氧能燃烧，形成光亮的火焰……他把这种小小的金属颗粒投入水中，小球在水面急速奔跃，发出吱吱的声音。

教师通过描述戴维电解苛性钠的实验过程，向学生传递知识信息，在这个化学事件的描述中，学生不仅获得电解苛性钠能够得到金属钠的知识，而且获取金属钠的燃烧，与水反应的实验现象等知识，一箭双雕，有效达到教学的双重目标。

## 三、讲述型

对化学概念、特点、规律、成因等理性知识，单用解释或者描述的方法是不易表达清楚的，学生无法理解和掌握。这些知识往往是教学的重点和难点，教师要指导学生进行深入的分析综合、比较、归纳、概括，才能让学生明白其道理。讲述型是高中教师常用的讲述方式，包括以下几种：

（1）分析综合式讲述。分析综合法讲解化学概念时，首先分析概念的内涵，即概念的涵义包括哪几部分内容，或者说有哪些限制因素，然后分析概念的外延，即概念适用的范围，内涵与外延综合起来构成了概念的全部意义；化学成因的分析综合，诸如化学分布、化学景观、化学演变、化学规律、化学特征的形成原因等。用分析综合的方法讲述化学成因知识，首先找出化学事物的形成因素并逐项揭示其因果联系，进而对各种要素进行综合分析，找出主要因素，形成总体观念。化学规律知识一般先经过分析图表、文字等化学事实材料，分别认识各种化学事物之间的具体联系，然后综合概括出化学事物之间的本质联系。

---

**案例：** **同周期和同主族元素的相似性和差异性比较**

在学习元素周期律知识时，教师引导学生独立地总结出元素周期表中同周期和同主族的差异，并且完成表6-1。

表6-1 同周期同主族元素比较

| 化学性质差异区域 | 金属性非金属性质差异 | 最外层电子数差异 | 化合价的差异 | 与氢气化合难易程度 | 生成氢化物稳定性 |
|---|---|---|---|---|---|
| 第三周期元素 | | | | | |
| 第七主族元素 | | | | | |

教师通过对第三周期以及第七主族的部分元素性质进行分析比较之后，让学生完成上述表格，总结整个周期及主族的递变规律，达到分析代表元素，掌握整个元素周期表中元素性质的目的，既提升课堂的教学效率，节约课堂时间，又培养学生分析归纳总结的能力。教师的整个讲解过程围绕着表格，最终实现元素周期律学习的教学目标。

---

（2）归纳演绎式讲述。归纳是从众多同类个别的事物中总结特征、原理和规律的思维方法。演绎则是从一般到个别的思维方法，归纳和演绎是人类认识过程的对立统一。教师在教学过程中，从个别到一般，再从一般到个别的循环往复中实现知识的巩固和升华。化学课堂教学中，经常用归纳和演绎的方法进行逻辑推理，主要用于学习化学理性知识。

---

**案例：** **碱金属元素**

教师在讲解碱金属元素的性质时，以金属钠为代表展开。

教师：由于元素化学性质与元素原子的最外层电子数密切相关，碱金属元素在原子结构上，最外层都只有1个电子，因此它们应该具有相似的化学性质，由此可推知它们也应该像碱金属的代表物钠一样，在化学反应中易失去一个电子，形成+1价的阳离子，并且与氧气等非金属发生反应以及与水发生剧烈的化学反应。通过我们学习的同主族元素自上而下，半径在增大，最外层电子更容易失去，就可以预测，与水反应的程度会越来越大。

教师的整个讲解以钠的一般个体下手，按照结构决定物质性质的基本理论展开，在分析的过程中逐渐升华，训练学生从个别到一般的归纳演绎学习过程，教师在归纳演绎式的讲解过程中，不仅向学生传递知识，也向学生传递学习的方法。

（3）比较式讲述。化学教学内容相当复杂，在众多的化学事物中要分清各种物质特征，搞清它们之间的相同与相异之处，最好的办法是进行比较式的讲解。比较式的讲解主要用于电解质与非电解质，氧化反应与还原反应，浓硝酸与稀硝酸等化学中相近的概念。通过比较式的讲解，学生能够认识到相近知识的共性和异性，便于学生更好地区分概念。

**案例：** **比较离子晶体、原子晶体、分子晶体的异同**

教师通过比较离子晶体、原子晶体、分子晶体之间构成晶体的粒子、微粒间作用力、熔沸点、硬度、导电性等知识，帮助学生建立三大晶体知识之间的有效联系，使得学生能够区分不同晶体之间的异同点，通过对比式的讲解，促使学生对知识进行了有效的整合和梳理，见表6-2。

表6-2 离子晶体、原子晶体、分子晶体比较

| 晶体类型 | | 离子晶体 | 原子晶体 | 分子晶体 |
|---|---|---|---|---|
| 结构 | 构成晶体的粒子 | 阴、阳离子 | 原子 | 分子 |
| | 微粒间作用力 | 离子键 | 共价键 | 分子间作用力 |
| 性质 | 熔沸点 | 熔沸点高 | 熔沸点很高 | 熔沸点低 |
| | 硬 度 | 硬而脆 | 质地硬 | 硬度小 |
| | 溶解性 | 水溶液能够导电 | 不溶于大多数溶剂 | — |
| 导电性 | 晶 体 | 不导电 | 不导电 | 不导电 |
| | 熔融液 | 导电 | 不导电 | 不导电 |
| | 溶 液 | 导电 | 不溶于水 | 可能导电 |
| 熔化时克服的作用力 | | 离子键 | 共价键 | 分子间作用力 |
| 实 例 | | 食盐晶体 | 金刚石 | 氨、氯化氢 |

**四、论述型**

以概念、规律或原理为中心内容的讲解一般模式为：从一般性的概括引入开始，然后进行论述或推理，最后得出结论。

（1）原理中心式。以概念、规律或原理为主要内容的讲解，教师主要选择这种讲解方式。化学教学中的概念、原理也是化学基础知识中的核心和关键的部分（例如教师运用分析、比较、归纳、概括、例证的方法论述概念，以电解质、非电解质这两个概念展开教学，以帮助学生掌握电解质、非电解质的内涵和外延）。

**案例:** **勒夏特列原理的应用**

教师讲解勒夏特列原理:

如果改变影响平衡的条件之一(如温度、压强以及参加反应的化学物质的浓度),平衡将向着能够减弱这种改变的方向移动。借助合成氨的可逆反应,展开对勒夏特列原理的学习。

$$N_2(g) + 3H_2(g) \rightleftharpoons 2NH_3(g) \qquad \Delta H = -92.2kJ/mol$$

反应达到平衡后,改变以下条件:(1)增大反应物 $N_2$ 的浓度。根据勒夏特列原理,平衡向着减弱 $N_2$ 浓度的方向移动,即平衡向着正反应方向移动。(2)增大体系压强。由勒夏特列原理可得,平衡将向着气体体积小的方向移动,即向正反应方向移动。(3)升高温度。根据勒夏特列原理可知,平衡将向着减弱温度的方向移动,吸热方向,即平衡将向逆反应方向移动。

以勒夏特列原理为中心,教师展开平衡移动的讲解,有理有据,以理论指导实践,通过分析浓度、压强、温度对平衡移动的影响,帮助学生进一步理解勒夏特列原理的内涵,促进学生对原理有更加深入的理解。

(2)问题中心式。以解答问题为中心的讲解。主要是指化学课堂教学中习题教学和讲解,也可能是解决某个带有实际意义的问题的讲解。问题中心式讲解常带有一定的探究性,在讲解中要善于利用迁移规律启迪学生积极思考。

**案例:** **祥 云 之 谜**

学习"燃烧与灭火"的内容时,教师巧妙地选取祥云火炬作为情境题材,以探究"祥云之谜"(即问题)贯穿于讲课的整个过程,以问题为中心展开本节知识点的学习。

问题:(1)为什么丙烷可以做火炬燃料?(可燃物)(2)火炬为何可聚集点燃?(着火点)(3)火炬外壁为何有很多孔?(与空气接触)(4)闭幕式上的火炬如何熄灭?(灭火原理)

教师用整合的思路、整合的问题将讲解燃烧与灭火的内容串联起来,形成一条教学主线,帮助学生在认知过程中形成有序的认知方式,以问题为中心的探究性讲解,轻松地完成知识的迁移,带动整堂课积极活跃的学习。

(3)操作中心式。教师在训练学生的实验操作技能的时候所使用的讲解方法,在教师结合示范操作和指导学生实际操作中应用。主要有:操作原理的说明;结合示范的讲解,包括指示观察要点、分析示范操作、指明操作要领等;指导学生练习的讲解,包括纠正错误操作、向学生提供反馈信息、指导学生掌握动作之间的练习和协调等。

**案例：** **酸碱滴定操作示范讲解**

涂油（滴定管洗净，活塞及塞套擦干，活塞上均匀涂上凡士林，活塞插入塞套，旋转活塞至凡士林呈透明状，套上橡皮筋）；检漏（管内装水至最高刻度，垂直放置滴定管，检查活塞处是否漏水，旋转活塞再次检查）；洗涤（自来水洗涤、蒸馏水洗涤三次、滴定液润洗三次）；排气泡（管内装满操作溶液，倾斜酸管或弯曲碱管橡皮管处，快速放液体）；调零（两指捏滴定管，使管身在重力作用下垂直，眼睛与液面下边缘相平，旋转活塞或挤压玻璃球，调节管内液面下边缘在零刻度处）；滴定（右手转动锥形瓶，左手控制活塞或玻璃球调节，流速不能太快，眼睛注视锥形瓶内颜色变化，接近终点时，用水冲洗瓶壁，再滴至终点）。

教师边讲解边向学生示范操作，教师在讲解的过程向学生说明操作的关键点，手的动作，眼睛的关注点等都是教师强调的重点。教师演示完之后，学生按照教师的示范，自己练习操作，学生在操作的过程中，教师纠正学生的错误操作。

## 第五节 讲解技能的应用要点

讲解是多年来国内外课堂教学中运用最广泛的一种技能，在教学中的地位是无法被取代的，即使现代教育技术进入课堂，讲解仍然是使用最普遍的教学技能。因此，掌握讲解技能的应用要点，对运用好讲解技能起到事半功倍的作用。

（1）逻辑严密条理清晰。教师应提前吃透教材，了解学生特点，讲解时要做到教学目标明确、逻辑清晰，呈现条理性、重点突出、难点突破，"讲准确""讲清楚""讲深透"。在较短的时间内，给学生传授丰富、系统的知识，同时培养学生"举一反三""活学活用"的能力。讲解过程中，条理清晰、逻辑严密、层次分明。讲解抓住重难点知识之间的内在联系，揭示知识之间的逻辑关系，把零碎的知识连成知识体系。在讲解原理性知识时，必须周密地考虑推理的步骤，合乎逻辑地引导学生得出必然结论。

（2）善于使用恰当例证。例证是将熟悉的经验与新知识联系起来，是启发理解的有效方法。通过例证的使用，降低学生理解知识的难度，提高学生学习兴趣。教师讲解时，例证充分、具体、贴切，重在引导学生分析概括。在学习新概念时，利用模型、图表、正反例子等向学生传达概念的含义，帮助学生更加容易理解概念。在讲解实验的时候，要有的放矢，根据科学事实，帮助学生认真分析。通过一步步的深入分析，由现象到本质逐一探索，带领学生得出正确结论。

（3）充分体现语言功能。教学语言具有针对性、教育性和启发性。教学语言应对准学生习惯和知识层次，达到教学对象的一致性、吻合性；教学语言应该经过深思熟虑，具有一定教育目的，能够给学生的心灵以震撼和启迪学生思维，达到教育性的功能；教学语言内在的启发性，讲究"开而弗达"，调动学生的思维和积极性。充分发挥教学语言的艺术性，对提高教学质量，优化教学效果至关重要。

（4）选择合适讲解方法。教学方法的选择和运用是为教学和讲解服务的。客观、灵活、多样化的教学方法的运用，会给教师的讲解增添光彩，使学生轻松愉快地学习，也便于理解和掌握所讲问题的本质。学生年龄的差异，知识经验的深广度及课题内容性质的不同，所运用的教学方法也应有所不同。教师应根据不同的需要，选择最佳的讲解方式，促进学生高效地掌握知识。多样化教学方法的选择和运用，既增强学习效果，又提高学生分析和解决问题的能力。

（5）融合多种教学形式。在化学教学中，教师讲解时正确书写板书，设置适当提问，不断变化教学方式，配合眼神、手势，辅以适当教学媒体，多种教学形式相结合，使学生在轻松活跃的气氛中，感受到学习的乐趣。通过不同教学形式之间的变化，容易将学生引入到学习情境中，达到良好的教学效果。

# 第六节　讲解技能案例评价

## 一、讲解技能课堂观察量表

讲解技能课堂观察量表见表6-3。

**表6-3　讲解技能课堂观察量表**

| 一级指标 | 二级指标 | 三 级 指 标 | 权重 | 得分 |
|---|---|---|---|---|
| 学生学习<br>（20分） | 准备 | 1. 学生课前是否准备用具（教科书、笔记本、学案）<br>2. 学生对新课是否预习 | 0.04 | |
| | 倾听 | 3. 学生对教师提出的问题是否积极回答<br>4. 学生倾听时有哪些辅助行为（（1）笔记；（2）查阅；（3）回应） | 0.04 | |
| | 互动 | 5. 学生是否积极回答教师提问<br>6. 学生能否主动参与讨论 | 0.04 | |
| | 自主 | 7. 学生能否进行自主学习<br>8. 学生自主学习效果如何 | 0.04 | |
| | 达成 | 9. 学生是否理解各部分知识<br>10. 听不懂时，学生行为（（1）请教老师或同学；（2）不听课） | 0.04 | |
| 教师教学<br>（40分） | 环节 | 11. 教师能否清楚讲解各部分内容的联系<br>12. 教师能否提出系列化关键问题、设计结构化的板书 | 0.07 | |

续表6-3

| 一级指标 | 二级指标 | 三级指标 | 权重 | 得分 |
|---|---|---|---|---|
| 教师教学<br>（40分） | 呈示 | 13. 教师在分析与综合知识方面做得如何<br>14. 语言是否形象、生动、精炼、逻辑性强<br>15. 教师的课堂情绪是否受到学生的影响 | 0.1 | |
| | 对话 | 16. 讲解内容是否符合学生的学习目标<br>17. 讲解、理答方式是否恰当 | 0.06 | |
| | 指导 | 18. 教师是否强调重难点，引起注意<br>19. 如何掌握学生的学习情况:(1)训练习题;(2)提问;(3)其他<br>20. 怎样对待学生的错误:(1)及时纠正;(2)不管;(3)延迟纠正 | 0.1 | |
| | 机智 | 21. 教师能否及时处理突发事件<br>22. 教师是否有非语言行为（表情、移动、体态语） | 0.07 | |
| 课程性质<br>（20分） | 目标 | 23. 教师是否做好铺垫，使讲解自然、流畅<br>24. 课堂有无新的目标生成 | 0.05 | |
| | 内容 | 25. 教师是否根据教学内容和学生情况采用合适的讲解<br>26. 容量是否适合全体学生 | 0.05 | |
| | 实施 | 27. 教师是否关注学习方法的指导 | 0.02 | |
| | 评价 | 28. 如何获取评价信息（回答、作业、表情），效果如何<br>29. 教师对评价信息是否解释、反馈、改进 | 0.06 | |
| | 资源 | 30. 预设的教学资源是否变化使用（课本、挂图、模型、音频、视频、PPT等） | 0.02 | |
| 课堂文化<br>（20分） | 思考 | 31. 全班学生是否都在思考<br>32. 思考时间是否合适 | 0.05 | |
| | 民主 | 33. 课堂氛围良好，文化气息浓厚，师生互动及时<br>34. 课堂上学生情绪是否高涨 | 0.06 | |
| | 创新 | 35. 教室整洁，座位布置合理，便于教师走下讲台，与尽可能多的学生互动交流 | 0.03 | |
| | 关爱 | 36. 师生、生生交流平等，尊重学生人格 | 0.03 | |
| | 特质 | 37. 哪种师生关系:评定、和谐、民主，效果如何 | 0.03 | |

## 二、讲解技能教学设计案例

课题：<u>几种重要金属（九年级下册第八单元第一节第一课时）</u>

训练者：<u>赵丽娟</u>　　　　时间：<u>10min</u>　　　　成绩：　<u>86</u>

教学目标：1. 掌握金属的主要物理性质；

　　　　　2. 认识生活中常见的金属并了解其主要用途。

| 时间 | 教师行为 | 学生行为 | 技能要素 |
|---|---|---|---|
| 1min | 【引入】提到金属，在座的各位同学肯定不陌生，看，这是什么？你们所提到的金、银、铜都属于金属，下面来学习几种重要金属 | 【回答】戒指；硬币；<br>金、银、铜 | 使用例证，启发思考 |
| 4.5min | 【讲解】首先让我们初步了解一下金属的物理性质。小到家里的锅碗瓢盆，大到天上的航天飞机，无一离不开金属。大家看一下面前所摆的金属，观察一下它们在颜色、状态上有什么共同特点？在颜色上，几乎所有的金属都是银白色。我们所看的金属都是固态，那么是不是所有金属都是固态？大家想一下温度计里面盛的是什么？其实水银就是金属的一种，在化学中我们称它为汞。大家都应该知道，铁锅、铝锅、铜锅可以做饭、炒菜、涮羊肉；铁丝、铝丝、铜丝可以导电并且可以弯曲。由这三条信息得到，几乎所有的金属都具有良好的导热性、导电性及延展性 | 在教师的指引下，回忆生活中的金属。<br>【回答】锅、自行车、桌子、椅子、汽车、飞机；水银。<br><br>认真听讲，积极思考 | 联系生活，提出问题：金属的主要物理性质。<br><br>提出疑问，启发学生思考金属物理性质通性 |
| 8min | 【讲解】大家看黑板上这张表，观察对比表中的数据，想一下，菜刀是用铁制的还是铝制的？那么表中哪个信息可以验证你们的答案？对，铁的硬度大，用铁制刀不易变形。同学们再观察熔点分析哪一个金属的熔点最大？钨，因此用它做灯丝。金属的性质决定用途。<br>【讲解】银的导电性可是比铜和铝都好，生活中的电线为什么一般都用铜和铝制，而不用银制？<br>【评价】回答得很好。关于金属的用途，不仅要考虑性质，还要考虑价格，美观，是否易于回收 | 【回答】铁；硬度，铁的硬度比铝的硬度大；钨。<br><br>【回答】因为银太贵 | 联系生活，结合实际。指导学生，观察表格。<br><br>恰当例证，形成框架。提出质疑，引发思考 |
| 9min | 【讲解】总之，每一种金属都有自己的特长，在不同的场景，它们都可以扮演主角，最后就让我们一起领略一下金属中的个个高手，同学看挂图，一起大声朗读一下——"金属之最" | 齐声朗读"金属之最" | 引导朗读 |
| 10min | 【布置任务】这一知识点就讲到，想必大家对金属也有了新的认识，今天回去的任务：观察我们身边的金属，看看它们充当着什么角色，并想一想它们的职务是否真的合适 | 聆听思考：身边的金属 | 小结提高 |

### 三、讲解技能教学案例评价

讲解技能是课堂教学中最基本的一种教学技能。教师通过循序渐进的叙述、描绘、解释、推论来传递信息，传授知识，阐明概念，论证规律、定律、公式，引导学生分析问题和认识问题，并促进学生的智力发展，体现教学相长的关系。通过讲解启发学生思维，传授学习方法以及处理问题的方法，为提高学生的能力创造条件。下面将从四个方面对赵老师的讲解教学片断进行分析、评价。

（一）学生学习维度

（1）准备。学生能够结合本节课内容，从生活中找到很多金属材料方便教师完成教学。在真实教学中，如果教师布置任务让学生从生活中寻找和化学有关的物质，在上课时可以将学生收集到的所有物质进行分类比较，并结合所学知识给予评价，让学生在鼓励中感受教师的关怀，从而加大对化学学科的兴趣。

（2）倾听。学生具有好奇的天性，最容易受情感因素的感染。教师要顺应儿童的心理，在日常教学中善于创设教学情景以激发学生倾听的欲望。赵老师通过创设生活情景，吸引学生的注意力，让学生在情境中培养倾听能力。要培养学生认真听的习惯，除了让学生想听外，还要老师适时地诱导点拨，教给学生方法使学生会听。

（3）互动。整堂课中学生表现得积极活跃，对于教师的提问能够迅速反应，回答流利。在教学过程中紧跟教师思路，能够用生活尝试回答教师的问题，课堂氛围活跃。在教师的指导下，所有学生认真阅读关于"金属之最"的课外知识，在这一过程中还能不断思考，求知欲强烈。

（4）自主。赵老师通过创设真实生动的情境（列举生活物质），激发学生自主学习的热情；通过引导学生参与课堂教学活动（引导学生朗读），进行积极的自主探索；通过有价值的提问（金属都是固态的吗），启发学生思考，自主领悟新知；通过指导多种训练（分析菜刀硬度），促使学生对自己的学习进行调控，让课堂"活"起来，让学生"动"起来。

（5）达成。学生的认知结构既包括已掌握的知识，也包括学生在生活中获得的一些经验。在教学中，赵教师要根据认知内容的需要创设一定的生活情境，充分挖掘学生已有的经验，形成新旧知识的联系，使模糊的认识明朗化，具体的对象概括化，成为学习新知中可利用的认知条件。在赵老师的引导下，学生主动投入到对问题的探究之中，充分发挥潜能。

（二）教师教学维度

（1）环节。教师能够清楚地讲解各部分内容的联系，在分析与综合方面讲解到位，形成讲解框架。教师在突出重难点时，声音响亮，语言简洁，语气加重，吐字清晰，生动并富于逻辑，并能够引起学生的注意。教师全身心地投入到讲解当中，更加亲切、自然，让整堂课轻松、舒服。

（2）呈示。赵教师在教学过程中的板书简洁、直观，将讲解的内容概括书写在黑板上。但赵老师在书写金属用途时板书过于单一，可以将金属的用途简单地标注出来。赵老师讲述金属物理性质时说"金属都具有银白色，都具有金属光泽"，建议说成"金属具有金属光泽，且大部分是银白色的"。建议教师在教学过程中用语准确，切不可出现知识错误。

（3）对话。教师在讲解时能够引起学生的注意。教师在突出重难点时，声音响亮，语言简洁，语气加重，吐字清晰，生动并富于逻辑。赵老师在说"汞以外"时，过于口语化，应该说"除汞外"语言会更加精准。总体说，赵教师语言形象、生动、简练、逻辑性很强。

（4）指导。教师在教学过程中提出系列化关键问题，逐步引导学生了解本节课学习的内容。结合生活中日常现象设计提问，帮助学生回忆身边的金属物质，加深学生对金属物理通性的认识。教师讲解完一个知识点后，分别举生活中的锅碗瓢盆、温度计、菜刀、电线等物品，唤起学生的有意注意，增强对金属物理性质的记忆。

（5）机智。赵老师在给同学们展示搜集到的实物时应该全部展示，双手不应随便晃动而应该按顺序向学生展示实物。教师的体态语言有助于知识的传授，教师应该认真学习、努力模仿。赵老师讲课过程中用到了挂图是非常好的，但是她的挂图是提前挂在最旁边。建议在需要的时候挂在黑板中间，避免引起学生关注而忽略听讲。

**（三）课程性质维度**

这节课的课程目的是让学生了解记忆金属的物理性质及用途，赵老师选择的课程内容恰当，通过讲解使学生记忆系统化。教师在讲解时突出重难点，引起学生注意，从学生的反应来看已经达到了这个目的。但教师在讲解过程中始终充满激情，不能合理根据教学内容和学生的掌握情况改变讲解方式。

对于教学资源的使用，赵老师选择自制挂图总结相关知识，但挂图设计得不够美观大方，使用挂图的时机不太合适。教师可以自制挂图，也可布置学生制作。在实际教学中，建议教师在需要的时候选择挂图，否则既浪费时间，教学效果也不明显。图示应直观、简捷、形象、具体，教师应该在教学中对图示法不断研究，使之在教学中发挥更大的作用，以培养和提高学生的各种能力。

**（四）课堂文化维度**

在短短几分钟的教学中教师采用提问的方式逐步引导学生进入整节课的教学活动中。整堂课的氛围生动活泼，轻松愉快。学生能够积极地配合老师的教学活动。

课堂文化，是学校文化的重要组成部分，是在长期的课堂教学活动中形成的，并为师生所自觉遵循和奉行的共同的课堂精神、教学理念和教学行为。在重构课堂文化的过程中，我们时时提醒自己：我们无力也无意提供一种统一的课堂文化模式，而是意在通过对课堂文化的阐述和描绘，唤起人们对课堂文化的关注，提升现代学校文化建设的内涵，"不是为了课堂文化而课堂文化"。

综上，赵老师的这节课总体来说是成功的，紧扣构成要素讲解，灵活应用讲解技能方法，体现讲解功能。赵老师的讲解虽有缺点但值得包容与理解，相信赵老师会在将来的教学中不断完善，我们期待她在教学中有更好的表现！

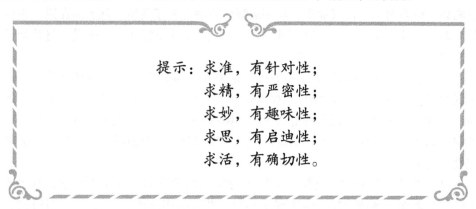

提示：求准，有针对性；

求精，有严密性；

求妙，有趣味性；

求思，有启迪性；

求活，有确切性。

# 第七章　组织技能

教师应当善于组织，善于行动，善于运用诙谐，既要快乐适时，又要生气得当。

——安东·马卡连柯

**学习目标：**

**知识：**了解组织技能的概念、功能，了解指导性组织课堂教学、管理性组织课堂教学等类型；

**领会：**理解组织技能的要求与说明、活动与程序、指导与引导、鼓励与纠正巩固与总结等构成要素和应用要点；

**应用：**选取中学教材一节内容，编写规范的组织技能教学设计，并反复练讲；

**评价：**根据学生学习、教师教学、课堂文化、课程性质四个维度，熟练运用组织技能课堂观察量表进行组织技能训练案例评析。

# 第一节　组织技能概述

组织技能是指在课堂教学过程中及时调控教学过程，保证教学形式和教学环节的顺利承转和过渡，完善和优化课堂教学结构，维持良好的课堂秩序和师生和谐的教学环境的一类教学行为。

加涅的信息加工理论认为，学习应该包括八个阶段：动机阶段、了解阶段、获得阶段、保持阶段、回忆阶段、概括阶段、作业阶段、反馈阶段，缺失某一阶段或顺序的颠倒与跳跃，都不符合学生的认知规律。为使中学化学课堂教学过程符合学生的认知规律，保证认知过程各阶段的正确衔接和正常过渡，教师运用组织课堂教学的技能来引导和组织学生开展教学活动。巴班斯基的认知活动分类理论将教学认识活动分为三大类：教学认识活动的组织进行、教学认识活动的刺激与动机、教学认识活动效率的检查和自我检查。在教学过程中，组织技能是课堂教学顺利完成的重要保证，能够保证学生个人的认识加工活动过程，能够保证教学活动中学生学习的意志、情绪和积极性。教师应当恰当而灵活地组织课堂教学，不仅有助于获得良好的教学效果，还可以促进学生智力、能力、情感和思想品德的发展。

# 第二节　组织技能的功能

组织课堂教学的活动在中学化学教学过程中起着控制作用，即组织和调节教学过程的作用。这种控制作用与其他教学技能所依附的教学行为方式相比，控制作用更为全面而深刻，更能体现教学过程的本质特征，具有以下三方面功能：

（1）维持课堂秩序，营造学习氛围。良好的课堂秩序和和谐的教学环境是中学化学课堂教学的基本保证。中学化学课堂教学过程是一个可控制的、有序的过程。无论教学形式怎样多变，课堂气氛怎样活跃，学生怎样讨论，这些都必须围绕教学目标展开，都必须有利于教学任务的顺利完成。教师可以通过正面提醒和巧妙利用提问、演示等技能，将学生注意力集中在教学主题上；通过正强化，使学生克服不良习惯，建立师生和谐的教学环境；通过分析原因和启发诱导，及时纠正违反课堂纪律的现象，从而营造良好的学习氛围。

（2）完善课堂结构，优化教学过程。中学化学课堂教学过程是一个特殊的认识过程。其特殊性表现在，它是一个由各要素相互作用的具有特殊结构和基本环节的整体。要使教学在这一方面达到规范化，必须依赖教师高质量的组织课堂教学来实现。随着教育观念和教学指导思想的转变，通过合理安排教学环节，注意各环节的承转，保证学生思路通畅，加强新课引入和课堂总结，帮助学生联系新旧知识，获取学生反馈信息，及时调整教学活动来完善课堂教学结构，是对中学化学教师的常规要求。

（3）发挥主导作用，调动主观能动性。教师对课堂的组织与调控是激发学生学习兴趣、促进学生自主参与教学活动的关键。在新课程实施过程中，教师应发挥主导作用，灵活应用教学方法和教学手段，变换教学形式，适当放手让学生进行自主选择、自主设计、自主实施、自主评价等学习活动，从而调动学生的积极性和创造性，真正实现学生的主体地位。

课堂组织技能决定着课堂教学进行的方向和和谐教学环境的建立。合理地组织课堂不仅可以创造良好的课堂气氛，可以有效调控学生的不良学习行为，把学生引导到正确的学习轨道上来，更有助于学生良好学习行为的养成。

# 第三节  组织技能的构成要素

组织技能作为一种课堂教学的综合性技能，是由要求与说明、活动与程序、指导与引导、鼓励与纠正、巩固与总结五个要素构成的。

（1）要求与说明。为集中学生注意力，维持良好课堂秩序，营造浓厚学习氛围，教师应该在开展学习活动之前，向学生介绍学习任务，对学生提出要求并做出说明。简明扼要地对学生说明应该进行什么活动，为什么要进行这种活动，怎样进行这种活动，以及在时间和纪律等方面的要求。

（2）活动与程序。在提出要求的基础上，进一步向学生说明详细活动的程序，以便使学生大体上遵循相同的步骤去完成同一项任务，在同样的时间内达到一个共同的目标。教学活动的形式有很多，如观察、讨论、练习等，为了实现更好的教学效果，教师应该预先设计好操作程序，并对学生进行讲解说明。

（3）指导与引导。指导侧重于对学生操作方法和动作方式的肯定或矫正，可以保证学生及时了解该怎样行动，多用于观察、自学、练习等方面。引导侧重于对学生思维的启迪和注意力的转移，可以保证学生的思路通畅和教学过程的连续，多用于听讲、观察、讨论等方面。

（4）鼓励与纠正。鼓励和纠正是教师对学生活动效果的一种反馈，是对学生期望心理的一种回应。及时的鼓励和纠正不仅可以强化课堂教学的组织，还可以维持学生的主动性和积极性。另外，在鼓励与纠正的时候，一定要把握好时机，过早的鼓励或纠正，容易使学生自足或自卑，反而削弱了积极性和进取心。过迟的鼓励或纠正，又可能使学生的期望值落空，导致注意力的转移。

（5）巩固与总结。巩固与总结是对学习内容的进一步强化。通过巩固，促进学生对所学知识产生牢固记忆；通过总结，增强学生对知识结构有更为系统和清晰的认识。总结可在整堂课的结尾进行，也可应用于各个知识点的承转处。总结应该简明扼要，既包括本课内容的结构化综述，又包括对学生活动状况，如态度、纪律、成绩与不足等问题的评价。

例如，在"硫的转化"一章的复习课中，教师以思维导图的绘制贯穿整个课堂，组织教学活动。1）课堂伊始，教师明确说明此次复习课将以绘制思维导图的形式进行，对活动的内容进行要求与说明，使学生明确接下来的学习任务；2）教师和学生一起回顾了硫元素的价态变化规律、二氧化硫的知识点等相关内容，并将学生分成几个小组，说明思维导图的绘制步骤及要点，对活动与程序进行详细的说明，便于学生活动的顺利实施；3）在小组绘制思维导图的过程中，教师对每一组的实施情况进行具体的指导与引导，帮助学生快速有效地绘制出二氧化硫思维导图，记忆其知识点；4）在此期间，对学生的正确行为进行鼓励，对其错误做法进行纠正；5）教师对每个小组的绘制情况进行展示与点评，巩固与总结二氧化硫的知识点，形成螺旋式上升的立体知识结构网络。

## 第四节　组织技能的类型

组织课堂教学的技能按照功能的不同可分为管理性组织课堂教学的技能和指导性组织课堂教学的技能两大类。管理性组织课堂教学是指教师为了引导学生遵守课堂纪律，维持课堂秩序，建立和谐的教学环境而采取的行为方式。指导性组织课堂教学是指教师为了引导学生参与教学活动，调动学生的积极性，完善课堂教学结构而采取的行为方式。两者各有侧重，但经常融合在一起，有密切联系。

### 一、指导性组织课堂教学

依照教学方法和教学形式的不同，指导性组织课堂教学又分为组织学生听讲、组织学生观察、组织学生讨论、组织学生实验、组织学生自学、组织学生练习和组织学生游戏。

（一）组织学生听讲

组织学生听讲的含义，不仅仅限于让学生老老实实、安安静静地听教师讲课或讲述，而是使学生及时领会教师的要求，迅速地遵照教师的安排投入各项活动，并且具有较高的积极性。组织学生听讲可以有两种方式，直接指令和间接引导，后者需要教师具有更高的技能。

直接指令是教师向学生直接宣布听讲的要求，要求学生集中注意力。直接指令分为简单命令式和交代任务式。间接引导是教师巧妙地运用导入、提问、讲解、变化等技能，使学生适时交替有意注意和无意注意，不断引起学生的兴趣，保证注意力始终集中在教学主题上。间接引导又可分为置疑引思和变化媒体。

> **案例：** **组织学生听讲**
>
> 直接指令——【教师】今天我们一起来学习《金属钠与水的反应》，这部分内容非常重要，大家要认真听讲。
>
> 交代任务——【教师】下边我们学习。首先，我们来看金属钠的物理性质。
>
> 置疑引思——【教师】为什么滴水生火呢？这就是这节课要研究的问题。看一看谁能通过本课的学习，找到正确答案。
>
> 变化媒体——【教师】刚才我们通过切割金属钠总结了金属钠的物理性质，那金属钠的化学性质又是如何呢？下面让我们来看一个视频，看看金属钠遇到水又会发生什么样的反应。

（二）组织学生观察

观察是对研究对象有目的的了解和察看，通过观察来感知事物和现象，是形成正确表象，进而进行科学思维的基础。根据观察对象的不同，组织学生观察又可分为组织学生观察图像媒体，组织学生观察影片媒体和组织学生观察实物媒体等。

组织观察的技能应包括明确观察目的，集中学生注意力，教授观察方法和步骤，注意全面观察与细部观察相结合，鼓励独立观察等。

> **案例：** **二氧化碳的性质**
>
> 在学习二氧化碳的性质时，教师通过以下活动组织学生进行系列观察，总结出二氧化碳的性质。（1）教师现场制取一瓶$CO_2$，组织学生观察它的颜色、状态和气味；（2）组织学生观察制取收集$CO_2$时的方法，总结二氧化碳的密度；（3）教师在一烧杯中放入一长一短两只蜡烛，在靠近高蜡烛一侧把$CO_2$快速倒下去，组织学生观察实验现象，发现蜡烛自上而下熄灭，组织学生分析出现此异常现象的原因；（4）教师改变倾倒二氧化碳的方法，改用玻璃片挡住火焰慢慢倾倒，组织学生观察实验现象，蜡烛自下而上熄灭。得出二氧化碳不支持燃烧、常温下密度比空气大的结论。教师通过组织学生对以上几方面的观察，感知事物和现象，进行科学的思维，获得化学知识。

（三）组织学生讨论

讨论是一种由学生积极参与的教学方式。它可以促使每个学生都有机会投入活动当中，促进学生积极地思考，相互启发，完成教学信息的多向交流，在教师的帮助和引导下，经过主动探究获得知识。根据学生参加讨论的规模和参与程度，组织学生讨论又可分为组织全班学生讨论、组织小组讨论和组织辩论。讨论是学生在教师指导下为解决某个问题而进行探讨，辨别其是非真伪以获取知识的方法。正所谓真理越辩越明，通过讨论、争辩，能提高学生的思想意识和教育质量。在组织讨论时应注意：讨论的问题要有吸引力，能够激发学生的兴趣，有讨论辨析的价值；在讨论过程中，教师应该不断地启发学生独立思考，引导学生发表自己的见解，从而使问题逐步得到深化、解决；讨论结束之后，教师应该简要概括讨论情况，使学生获得正确的观点和系统的知识，并纠正错误、片面或模糊的认识。

---

**案例：**　　　　　　　　　**酸和碱（小结课）**

在上《酸和碱（小结课）》时，上课伊始，教师带领学生阅读两份新闻材料《载27吨硫酸翻下山坡》和《出事硫酸车昨成功吊起》，然后同学根据两份材料提供的信息提问。学生分组讨论，根据学生汇报的情况，将整理出的问题写在黑板上，如为什么浓硫酸没有与金属罐发生反应？为什么向硫酸罐内投放固化碱、石灰粉？固化碱、石灰粉的化学成分是什么？硫酸罐起吊时，产生的"砰砰"两声巨响的原因可能是什么？然后老师告诉同学固化碱的成分是氢氧化钠，石灰粉的成分是氧化钙或氢氧化钙，并请同学再结合过去学过的相关知识，讨论解决提出的问题。

教师带领学生阅读新闻材料后组织学生讨论，要求学生不但能提出问题，还能通过讨论解决问题。这种课堂组织，创设了生动活泼、高潮迭起的学习氛围，不仅发挥了教师的主导作用，更体现了学生的主体地位。

---

**（四）组织学生实验**

实验是在教师的指导下运用一定的仪器设备进行独立的作业，观察事物和过程的发生与变化，探求事物的规律，以获得知识和技能的方法。实验可分为探究性实验和验证性实验两种：前者为学生探究、发现和获取新经验、新知识、新方法服务；后者检验所学原理的正确性，并加深理解。

在组织实验时，教师应该注意以下几点：在实验开始前，教师应该制定好实验的课时计划，准备好实验用品，让学生掌握实验原理、过程、方法和注意事项，特别要提醒学生注意安全和爱护仪器，提高学生实验的自觉性；在实验过程中，教师应该巡视全班实验情况，如发现问题，应及时给予指导，使每个学生都积极投入到实验过程中；实验结束后，教师应当小结全班实验情况，指出优缺点，分析问题产生的原因并提出改进意见。

---

**案例：探究硅、二氧化硅、硅酸、硅酸盐的重要化学性质实验**

在学习《无机非金属材料的主角——硅》一节内容时，为探究硅、二氧化硅、硅酸、硅酸盐的重要化学性质，教师引导学生回顾之前学习的碳、二氧化碳、碳酸、碳酸盐的相关知识，指导学生通过分类、联想、类比的思想预测硅、二氧化硅、硅酸、硅酸盐有哪些重要性质并说明依据。学生以原有知识为基础，设计实验方案，通过观察实验现象得出硅、二氧化硅、硅酸、硅酸盐的相关性质。

通过组织学生预测、设计、实验，并结合分类学习、相互联想的方法进行新知识的学习，学生能够以自己原有的知识经验为基础，对新信息进行重新认识和编码，建构自己的理解，符合建构主义的学习观。

（五）组织学生自学

自学是一种教学形式。狭义的自学有两种形式，一种是系统的自学，如程序教学，即学生根据各自的水平和能力，确定学习速度并独立学习经过特别编制的程序化教材；另一种是课堂教学过程中短时的自行阅读课文或学习某一节的教学内容。随着中学化学教材改革的深入，新编中学化学课本普遍增设了活动与探究、资料卡片等教学材料，因此，组织学生自学主要体现在精心指导学生自行阅读或自学教学材料。

**案例：**　　　　　　　　　　**组织学生自学**

纯碱工业创始于18世纪，在很长一段时间内制碱技术把持在英、法、德、美等西方发达国家手中。1921年正在美国留学的侯德榜先生为了发展我国的民族工业，应爱国实业家范旭东先生之邀，毅然回国，潜心研究制碱技术，成功地摸索和改进了西方的制碱方法，发明了将制碱与制氨结合起来的联合制碱法（又称侯氏制碱法）。侯德榜为纯碱和氮肥工业技术的发展做出了杰出的贡献。

这段内容是选自人教版九年级上册化学教材"盐、化肥"之后的一段资料，这段内容不仅对所学知识中涉及的中外化学家的成就进行了详细的介绍，在对相应的课文作补充说明的同时，使学生了解科学研究的伟大意义和中华民族的灿烂文化。

（六）组织学生练习

练习的目的是学以致用，并在运用中加深理解，形成技能与技巧，培养解决实际问题的能力。练习必须通过一定数量的活动才能有成效，但绝非要求学生做机械训练。在组织练习时，需要引导学生善于对自己的行为做自我观察与评价，从而提高练习的自觉性，保证练习的质量；在练习的质量、难度、速度、独立和熟练程度等方面，对学生都要有严格的要求，由易到难逐步提高、熟练与完善；无论是口头练习、书面练习或操作练习，都要严肃认真，要求学生一丝不苟、精益求精。因此，巩固练习是课堂教学不可缺少的环节。

> **案例：　　　　　　探究苯与水的相对密度的大小**
>
> 在学习乙醇物理性质的时候，教师以"曹冲称象"的典故启发学生设计实验探究乙醇的密度与水的密度的大小关系。在学习"乙醇"后，教师为学生布置了以下作业：请用最简单的方法和常见的仪器与试剂，设计实验定性探究苯和水的相对密度大小。
>
> 教师为学生布置作业，让学生再次设计实验，探究苯与水的相对密度的大小，从而巩固课堂知识，形成知识迁移，实现学以致用的效果。

### （七）组织学生游戏

游戏是孩子的天性。在中学化学教学中，结合课堂练习组织适当的游戏，如猜谜语等，可以活跃课堂气氛，引起学生兴趣，并在游戏中巩固和运用知识。有时，经过精心设计的游戏能够促进学生对知识的综合运用。

> **案例：　　　　　　　化学扑克牌**
>
> 要学好化学用语最好的方法是对其产生浓厚的兴趣。基于这点，华南师范大学化学教学与资源研究所钱扬义教授课题组研制了"中学化学扑克"，通过游戏教学——用化学扑克牌突破化学用语。在课堂上，如在学习"物质的分类"前，可以以化学扑克牌游戏热身，巩固分类思想；在学习"金属及其化合物"和"非金属及其化合物"时，可以以化学扑克牌游戏学习相关的化学用语和巩固新课知识；在课余的时间，同学们也可用化学扑克牌组织比赛，开展第二课堂，如：合作游戏——多副牌、团队配合出牌，竞赛游戏——一副牌或多副牌、考记忆比反应速度等。

### 二、管理性组织课堂教学

在中学化学课堂教学中，依照管理对象和方式的不同，管理性组织课堂教学又分为对课堂秩序的组织管理和对个别学生的组织管理。

（1）对课堂秩序的组织管理。课堂秩序的组织管理不仅指排除外界干扰，为学生提供一个良好的学习环境，还包括纠正学生背离教学过程的不良行为。这就要求教师不仅要向学生明确说明课堂纪律，还要做到关心爱护学生，与学生建立平等、互信、友善的关系。

（2）对个别学生的组织管理。对于个别组织纪律性较差的学生，除了与家长密切配合，耐心地做工作以外，还可以通过不给予回应使不良行为终止，有意识地安排替换行为并给予鼓励，采取正面教育与适当惩罚相结合的方式管理组织课堂。

# 第五节　组织技能的应用要点

组织课堂教学的技能是一项比较复杂的技能，既要贯穿全课的始终，又要变换多种形式。除了在教学中有意识地熟练技能外，教师还应注意几个应用要点：

（1）注意教学环节与预设时机相结合。根据不同教学内容和不同教学环节或步骤，教师需要多次组织课堂教学。因此，在教学设计和编写教案时，应充分考虑组织课堂教学的恰当方式，不管选择什么样的教学方式，这些方式都应有切实的针对性，不能流于形式，甚至对各个细节都要预作考虑，防止课堂上的随心所欲。在实践中，也要根据学生的反应作变通处理。

（2）注意教师身教与个别示范相结合。正所谓"学高为师，身正为范"，教师的仪表、举止、行为等在组织课堂教学中都有着重要的作用和意义。因此，在课堂教学中，教师应该格外注意其自身的形象和动作行为，以免给学生传达出干扰的信息，从而影响学生的学习，造成课堂秩序混乱。示范是由教师亲自把正确的行为方式展示给学生，使学生在较短时间内达到操作的规范化。在安排程序指导、纠正的过程中，教师要经常对学生进行示范。

（3）注意严格要求与耐心说服相结合。中学生是生理和心理迅速发展的时期，各方面的心理因素都存在着不稳定、易波动的特点。因此，在与中学生沟通交流的时候，教师应该耐心说服，这样才能给学生一个自我判断和自我选择行为方式的机会。由于中学生还没有达到心理的成熟阶段，完全凭自觉性来行动是不可能的，因此，对于一些事关集体荣誉和社会公德的问题，教师要有硬性的规定，即严格要求，课堂教学是一种集体活动，当然也必须有严格的统一要求，才能达到全体学生的协调一致。

（4）注意集体教育与个别教育相结合。组织课堂教学是以班级教学为根本前提，是针对全体学生的，教师在组织课堂教学的时候，必须考虑大多数学生的实际，以大多数学生适宜为宜。由于每个学生间的发展方向、速度、水平不同，学生与学生之间又存在着差异性，因此，应该针对学生的不同情况进行适当的个别指导，从而促使每个学生都能得到充分的发展。

# 第六节　组织技能案例评价

## 一、组织技能课堂观察量表

组织技能课堂观察量表见表7-1。

## 表7-1 组织技能课堂观察量表

| 一级指标 | 二级指标 | 三级指标 | 权重 | 得分 |
|---|---|---|---|---|
| 学生学习<br>（25分） | 准备 | 1. 学生课前是否准备用具（教科书、笔记本、学案）<br>2. 学生对新课是否预习 | 0.04 | |
| | 倾听 | 3. 学生是否认真倾听教师授课<br>4. 学生是否能复述教师讲课或其他同学的发言<br>5. 倾听时，学会是否有辅助行为（记笔记、查阅资料、回应等） | 0.07 | |
| | 互动 | 6. 学生是否积极回答教师提问，主动参与讨论<br>7. 学生是否有行为变化，与教师有共鸣、认同、默契 | 0.04 | |
| | 自主 | 8. 学生能否有序地进行自主学习<br>9. 学生自主学习效果如何 | 0.05 | |
| | 达成 | 10. 学生是否对媒体感兴趣<br>11. 学生能否回想起旧知识，明确学习内容 | 0.05 | |
| 教师教学<br>（35分） | 环节 | 12. 教师是否维护课堂秩序，管理个别学生<br>13. 教师是否组织听课、观察、讨论、自学、练习<br>14. 教师是否通过鼓励与纠错强化组织教学<br>15. 强化组织方式时机把握是否恰当 | 0.13 | |
| | 呈示 | 16. 教师组织是否注意身教与示范<br>17. 教师组织时是否注意严格要求与耐心说服相结合<br>18. 教师是否善于控制自我感情，一视同仁，耐心热情 | 0.1 | |
| | 对话 | 19. 教师组织是否面向全体学生的同时兼顾个别学生 | 0.04 | |
| | 指导 | 20. 教师采用何种辅助教学媒体指导学生自主、合作、探究学习（挂图、模型、音频、视频、PPT等） | 0.03 | |
| | 机智 | 21. 教师突发事件是否处理得当<br>22. 教师呈现哪些非言语行为(表情、移动、体态语、沉默等) | 0.05 | |
| 课程性质<br>（20分） | 目标 | 23. 目标是否适合学生水平<br>24. 课堂是否有新目标生成 | 0.05 | |
| | 内容 | 25. 教学内容是否凸显学科特点、核心技能及逻辑关系<br>26. 容量是否适合全体学生 | 0.05 | |
| | 实施 | 27. 教师是否关注学习方法的指导 | 0.02 | |
| | 评价 | 28. 教师如何获取评价信息（回答、作业、表情）<br>29. 教师对评价信息是否解释、反馈、改进 | 0.06 | |
| | 资源 | 30. 预设的教学资源是否全部使用 | 0.02 | |

续表 7-1

| 一级指标 | 二级指标 | 三 级 指 标 | 权重 | 得分 |
|---|---|---|---|---|
| 课堂文化<br>（20 分） | 思考 | 31. 全班学生是否都在思考<br>32. 思考时间是否合适 | 0.05 | |
| | 民主 | 33. 课堂氛围良好，文化气息浓厚，师生互动及时<br>34. 课堂上学生情绪是否高涨 | 0.06 | |
| | 创新 | 35. 教室整洁，座位布置合理，便于教师走下讲台，与尽可能多的学生互动交流 | 0.03 | |
| | 关爱 | 36. 师生、生生交流平等，尊重学生人格 | 0.03 | |
| | 特质 | 37. 哪种师生关系：评定、和谐、民主，效果如何 | 0.03 | |

## 二、组织技能教学设计案例

课题：燃烧和灭火（九年级下册第七单元第一节第一课时）

训练者：刘晓晨　　　　　时间：10min　　　　　成绩：　93

教学目标：1. 掌握燃烧的条件；

　　　　　2. 运用燃烧条件自学灭火原理和方法。

| 时间 | 教 师 行 为 | 学 生 行 为 | 技能要素 |
|---|---|---|---|
| 1min | 【导入】大家好！燃烧是人们最早利用的化学反应之一，生活中的燃烧现象比比皆是，比如蜡烛的燃烧、天然气的燃烧等。然而人们在享受燃烧带给我们便利的同时，火灾也时时刻刻威胁着我们的财产安全和生命安全。学习并掌握燃烧的条件对灭火起着重要的指导性作用。下面我们来学习"燃烧和灭火" | 认真听讲，积极思考，气氛活跃。<br><br>重现燃烧的画面及燃烧的危害性 | 组织教学：<br>使学生及时领会教师要求，迅速进入教学活动 |
| 2min | 【组织讨论】同学们燃烧可能具备哪些条件呢？同学们两人一组讨论。<br>【讲解】大家讨论得差不多了吧！哪个小组先来回答呢？<br>【引导】物质能够燃烧的先决条件就是物质必须为可燃物质；大部分的燃烧反应都是在空气中进行的，其实质是可燃物与空气中的氧气发生了反应。那么燃烧的实质是什么呢 | 认真思考，积极讨论。<br>【回答】可能的回答：<br>（1）可燃物；（2）空气；（3）点燃 | 组织讨论：<br>主动探究、获得知识、完成教学信息多向交流、积极思考、相互启发 |
| 4min | 【演示实验】取一张纸片悬于酒精灯火焰上方进行加热，纸受热变黄最终燃烧。<br>【讲解】在加热的过程中由于可燃物的温度升高，达到一定值后发生燃烧现象。点燃的实质是对可燃物进行加热的过程，目的是使可燃物温度达到一定值后发生燃烧现象。<br>【板书】着火点：达到燃烧所需的最低温度 | 认真听讲，积极思考，仔细观察。<br>思考：燃烧必不可少的三个条件 | 组织观察：<br>感知事物表象，形成正确表象，进行科学思维，集中学生注意 |

续表

| 时间 | 教 师 行 为 | 学 生 行 为 | 技能要素 |
|---|---|---|---|
| 8min | 【总结】刚才大家总结了燃烧可能具备的三个条件。当三个条件同时满足才能发生燃烧现象呢还是满足其中一部分就能发生呢？同学们带着问题观看老师做实验。<br>【讲解】取三支试管分别编号1、2、3，向第一支中加入白磷和水；第二支中加入少许红磷；第三支中加入白磷。将三支试管同时放入将近沸腾的水中，观察试管中发生的现象。第一个试管中隔离氧气；第二支试管中红磷暴露在空气中未达到着火点；第三支试管中白磷暴露在空气中且达到着火点。<br>【演示实验】哪一支试管中发生了燃烧现象，对应的条件就是燃烧所必需的条件 | 回忆现象，思考问题，认真听讲，达成知识。<br><br>在教师的引导下，学习控制变量法；在实验的探究中掌握方法要点及注意事项 | 组织听讲：<br>　要求学生集中注意力，使学生适时交替有意注意和无意注意，注意力始终集中在教学主题上。<br><br>组织观察：<br>　全面观察与局部观察结合 |
| 10min | 【总结】可燃物与氧气接触，并达到着火点。缺少任何一个条件就不能燃烧。<br>【板书】将"可能"二字擦去，改为"必须"。<br>【讲解】咱们已经总结出了燃烧必须具备的三个条件，如果缺少其中一个，燃烧现象就不能发生，那么我们可否利用这个原理来灭火呢？大家自学课本125页灭火原理和方法 | 进入自学的准备，掌握"燃烧"的知识要点 | 组织自学：<br>　加强教学的灵活性和学生学习的主动性 |

### 三、组织技能教学案例评价

组织教学是指在课堂教学过程中，教师不断激发学生学习的过程。在教学过程中要求教师做到：唤起学生的学习兴趣，保持学生注意，及时调控教学，完善和优化教学结构，保证教学形式和教学环节顺利承转与过渡，同时维持良好的课堂秩序和师生和谐的教学环境，最终实现教学目标和完善教学任务。下面将从四个方面对刘老师的组织教学片断进行分析、评价。

（一）学生学习维度

（1）准备。在学习新内容之前，老师进行相关介绍使学生在心理上提前做好准备。带着问题思考，具有高的求知欲望，求知欲越高，思考越深入，收获越大。学生带着问题听课启发好奇心和求知欲，学生感觉比较自信时上课举手的频率增高，与教师不提前铺垫形成了巨大的反差。

（2）倾听。学生在教师组织教学活动时认真倾听并作出积极配合，清楚教师的意图并能和教师一起探讨燃烧反应发生的条件。关注学生倾听是教师获得教学效果的一种重要途径。倾听发言也是一种学习的过程，鼓励学生倾听他人的想法、对照自己的做法，教育学生明白倾听交流过程也是知识优化的过程。

（3）互动。整节课课堂气氛活跃，在教师组织的过程中学生积极参与配合。建议师范生在今后的教学活动中努力通过师生、生生、个体与群体的互动，达到合作学习真诚沟通，提高学生学习能力及培养学生创设思维能力。

（4）自主。教师设置组织教学、组织讨论、组织观察、组织听讲、组织自学等不同教学形式进行教学，在这一过程中学生自主学习意识强烈，主动融入到燃烧条件的探究中。在实验现象讨论中积极主动分析实验原理，自主学习氛围浓厚。燃烧知识学习结束后学生主动考虑灭火的原理，加上教师的引导自然地将燃烧条件和灭火结合起来，自主学习效果明显。

（5）达成。学生和教师一起探究燃烧的条件，将三个条件有效地融入不同的实验中，明确实验目的，最终形成燃烧条件的认知。在老师的指导下，学生通过相互议论，观察实验现象，得出结论，以及老师扩展到灭火器灭火的原理，学生们都能够答得上来，充分说明已经掌握了本节课知识。

**（二）教师教学维度**

（1）环节。刘老师选用组织指导性的课堂教学，在整堂课中组织学生讨论、观察、听课自学等。刘老师在探究燃烧的条件时在黑板上书写燃烧的"可能"条件，通过学生讨论、演示实验得出了燃烧的必然条件，最后把黑板上的可能改为"必须"，强化效果明显，使学生进一步理解掌握。

（2）呈示。教师在演示实验时不能纯粹进行实验，若能边演示边讲解，及时提醒学生注意事项，实验教学效果更加明显。刘老师在组织实验的过程有效地做到边实验边讲解重要知识点，使学生充分掌握燃烧三个条件缺一不可。整节课刘老师教态端正，语言组织较好，声音洪亮，达到训练标准。

（3）对话。刘老师提出要求后做出整体说明，在学生活动过程中逐步进行解释来组织教学，这样容易使学生明白本节课所学内容进入课堂学习。在学生活动中教师提问学生回答，整个过程中刘老师在学生回答完问题后给予肯定的态度，一定程度上增加了学生学习化学的积极性。

（4）指导。刘老师组织教学时注意面向全体学生身教与示范。在组织过程中老师通过引导学生探究燃烧条件，使学生容易接受所学新知识。刘老师在教学过程中引导学生相互讨论得出燃烧的条件，设计探究实验，组织学生观察实验现象，最终得出燃烧条件。

（5）机智。通过挂图向学生传递实验设计思路，指导学生运用控制变量法探究影响燃烧的三个条件，有助于开拓学生思维，带动学生主动思考和积极学习。刘老师的挂图美观大方、清楚明白。刘老师精心安排课程，内容设置得当，进行实验时预先给水加热节省教学时间。

**（三）课程性质维度**

刘老师在选材上选取得当，燃烧条件的探讨适合讲解技能的应用。首先提出要求明确所学内容，维持课堂秩序；明确学习目标后带领学生验证燃烧条件，通过组织讨论、组织观察实验现象最后得出结论；得出燃烧条件后扩展灭火原理，使所学知识应用到实际生活中。

教师通过创设情境，让同学们回想生活中的燃烧现象，在说明燃烧给人们带来好处的同时也带来火灾，引出今天所要学习的目的。学习和了解燃烧的条件，对燃料的利用和防止火灾都有一定的重要性。通过学生讨论，观察实验现象得出燃烧条件。整堂课学生认真听讲，课堂气氛活跃。

（四）课堂文化维度

上课伊始，老师讲解燃烧条件，要求学生两人一组进行讨论，充分调动学生的积极性，课堂上学生认真听讲，根据老师的思维翻阅课本，进一步巩固所学内容。课堂气氛活跃，师生互动良好。建议师范生进行微格训练时，以文化的视角尊重学生的独立品性，倾听学生的自由感悟，共享学生的真实体验，营造一个充满生命活力的课堂。教师不再是主观传授知识，而是引导学生获取知识、解决问题，使学生处在真正的自主状态中。

综上，在应用组织技能时要求明确，控制教学良好，组织方法得当，整个课堂气氛活跃，组织方法灵活，充分尊重学生，教学过程顺利，师生互动合作很好。

提示：明确目的，教书育人；
　　　了解学生，尊重学生；
　　　重视集体，形成风气；
　　　灵活应变，因势利导；
　　　不焦不躁，沉着冷静。

# 第八章 演示技能

> 凡是需要知道的事物，都要通过事物本身来进行教学；那也就是说，应该尽可能地把事物本身或代替它的图像放在面前，让学生去看看、摸摸、听听、闻闻等。
>
> ——夸美纽斯

**学习目标：**

**知识：** 了解演示技能的概念、功能，了解实物标本和模型的展示、图表、图片、挂图的展示、实验的演示、多媒体教学的演示等类型；

**领会：** 理解演示技能的引入演示、介绍媒体、指导观察、控制操作等构成要素和应用要点；

**应用：** 选取中学教材一节内容，编写规范的演示技能教学设计，并反复练讲；

**评价：** 根据学生学习、教师教学、课堂文化、课程性质四个维度，熟练运用演示技能课堂观察量表进行演示技能训练案例评析。

# 第一节 演示技能概述

演示技能是指教师在课堂教学中进行实验示范和实际表演，运用各种直观教学手段，充分调动学生的感官，指导学生进行观察、分析和归纳，为学生提供感性材料，使其获得知识的一类教学行为。其中直观教学手段指运用实验、实物、标本、模型、图表、幻灯片和影片等能被学生直接感知的方法与手段。演示有时在新知识讲解之前，有时在讲解之后，但多数是与学生观察、讲解紧密结合的。无论采取哪一种形式，对教学都有直观强化的作用。

演示技能主要依据直观性教学原则，即教师以直观形象的活动方式，让学生直接去接触、感知，丰富学生的感性经验，支持学生的思维活动，提高教学效果。直观性教学原则是针对教学中概念、原理等理论知识与其所代表的事物之间相互脱离的矛盾而提出的，根据教学活动的需要，让学生先用自己的感官直接感知学习对象。由于书本知识与学生之间客观存在的距离，学生在学习和理解的过程中必然会发生各种各样的困难和障碍，直观性原则的意义在于克服这些困难和障碍，通过给学生提供直接经验或利用学生已有的经验，帮助学生掌握原本生疏难解的理论知识，陶行知先生所说的"接知如接枝"正是这个道理。

在应用直观性教学原则时应注意：（1）要恰当地选择直观手段。学科不同，教学任务不同，学生年龄特征不同，所需要的直观手段也不同。（2）直观是手段不是目的。一般来说，当学生对教学内容感到生疏，在理解和掌握上遇到困难或障碍时，才需要运用直观手段。为直观而直观，只能导致教学效率的降低。（3）要在直观的基础上提高学生的认知。直观给予学生的是感性经验，而教学的根本任务在于让学生掌握理论知识，因此教师应当在运用直观时注意指导，比如通过提问和解释，鼓励学生细致深入地观察，启发学生区分主次轻重，引导学生思考现象和本质及原因和结果等。

# 第二节 演示技能的功能

演示是一种出现较早的辅助教学方法，符合从形象到抽象思维，再从抽象思维到实践这一人类认识的普遍规律。演示技能可以帮助教师讲解和说明，提高教学水平；帮助学生学习和思考，激发学习兴趣。演示技能有以下五方面的功能：

（1）创设学习情境。在课堂上，教师运用幻灯片、视频等演示实物和实验，化小为大、化静为动，创设学习情境，引发学生强烈的好奇心，具有更强的表现力和感染力。在学生产生疑惑时，教师根据需要演示实验或展示模型、图表来启发学生的思路，以此培养学生的观察、记忆、推理和判断能力。

例如，在讲解粗盐提纯时，组织学生观看海水制盐的相关录像，依据录像内容提出"粗盐中往往含有哪些杂质""针对粗盐中的不同杂质，可以分别采用什么方法去除""除去杂质时需要用到哪些仪器和试剂"等系列化问题，通过视频片段的演示，激发学生的学习兴趣，便于学生集中精力投入到接下来的学习任务中，探索解决问题。

（2）提供感性材料。教师通过模型、图片、视频、实验等演示手段来解释化学原理，为学生学习物质性质、基本概念、定律和原理提供丰富的感性材料。教师指导学生有目的、有计划和有重点地参与到演示过程中，有效地将感性认识上升为理性认识。通过形式多样的演示，使学生易于形成概念，理解和巩固化学知识。

例如，在讲解胶体的性质时，教师可以通过以下一系列的演示为学生提供感性材料，获取知识：1）用激光笔分别照射氢氧化铁胶体和硫酸铜溶液，指导学生观察光束照射时的现象，讲解丁达尔效应；2）用胶体未通过半透膜的实验操作讲解胶体的微粒大小；3）用卤水点豆浆做豆腐讲解胶体的聚沉；4）用氢氧化铁胶体在电场作用下的运动讲解胶体的电泳。

（3）培养学习方法。教师的演示过程其实也是传授学生学习和探究方法的过程。观察教师的演示实验，培养学生观察、思维和记忆能力；分析实验现象，为学生提供丰富的形象思维素材，有效激发学生的想象和联想力；讨论实验引发的问题，激起学生为寻求答案而运用归纳演绎、分析综合等方法去解决问题的积极性，从而培养和发展学生的形象思维和抽象思维能力。

例如，在金属钠与水的反应实验中，教师在演示的同时，指导学生不断去观察和思考，"看"反应进程，"听"反应声音，"想"反应原因，这是一个眼、耳、脑并用的综合自主探究过程，会让学生印象深刻。最后通过"浮""游""熔""响""红"五个关键词的提示对整个实验进行整理，综合提升与培养学生的学习能力。学生以后遇到类似问题时，也会调动所有感官进行观察，采用同样的方法进行实验和思考，是一个学习习惯的培养过程。

（4）示范正确操作。实验技能是中学化学课程标准要求学生掌握的基本技能之一。在学生学习实验操作技能的过程中，教师的示范操作，以及在课堂教学中进行演示实验时的规范操作都是学生进行动作模仿的原型。在学生的实验操作技能形成的各个阶段，尤其是初始阶段，需要教师提供正确的示范。通过教师的演示，学生可以学到正确的化学实验操作技术和方法。

例如，氧气的制取实验中，教师通过正确的操作，向学生示范试管口略向下倾斜，伸进试管内的导管不宜过长，实验结束时要先把导管从水里拿出来，然后再移走酒精灯等。通过正确的演示，能让学生印象深刻，每每涉及相关内容时，想到的都是教师当时在课堂上一系列的操作，这样的画面更有助于学生的记忆。

学生学习的知识是间接经验，需要感性认识作基础，教师的演示技能直接影响学生学习兴趣、课堂教学效率、学生获得知识的质量和智能发展。在教学中运用演示技能，起到"百闻不如一见"的作用，促进学生用"形式""声音""色彩"和"感觉"来思维，使其获得知识，训练操作技能，培养观察和记忆能力。

## 第三节　演示技能的要素

任何类型的演示都有一个过程，一般都是开始于创设问题情境，结束于对学生的核查理解。演示技能一般包括引入演示、介绍媒体、指导观察、控制操作、说明启思和整理小结六个要素。

（1）引入演示。在一定的问题情境下，教师根据教学内容和学生的具体情况进行设计，提出要演示的内容，使学生的注意力集中到演示上来。在演示前向学生说明要观察什么，为什么要观察，怎样进行观察及观察中应思考的问题，为学生提供心理准备。

（2）介绍媒体。按照操作规范，出示所用的试剂、仪器、设备，介绍它们的性状、功能、使用方法和进行观察的方式等。在该过程中，教师应注意媒体摆放的位置、高度、亮度等，使每个学生在座位上都能观察清楚。如果媒体较小要巡回演示或者分组观察。

（3）指导观察。在进行媒体演示时，教师结合教学内容，向学生介绍演示的主要程序，提出每一步的观察任务。要求学生做到：全面观察，获取完整印象；重点观察反应现象；重复观察，避免错觉；对比观察，避免混淆；做好观察记录。

（4）控制操作。教师在课堂进行演示操作时，应严密控制实验条件，通过设置对照组等方法来增加演示实验的说服力。对演示过程中可能出现的问题进行充分估计，对可能影响演示实验结果的各种因素进行分析，采取相应的措施减少不利影响。在演示实验教学中，教师必须注意严格按实验操作规范正确地操作，快慢适当，物品的摆放、教师身体的位置都要便于学生观察和模仿。

（5）说明启思。在演示时，教师要对所采取的方法、步骤或呈现的现象加以说明和解释。根据学生情况和授课内容设置悬念，减少学生在观察上的盲目性，积极引导学生去获得感性认识。同时教师应该及时把学生在观察中所得到的感性认识总结提升，使之形成概念和理论。

（6）整理小结。在演示实验结束时，对实验原理、实验现象、操作步骤、注意事项等进行总结归纳。设置系列化的问题，及时查漏补缺，深化巩固所学知识。对实验中出现的异常现象进行分析，查找原因，联系所学知识得出正确结论。

以氢气还原氧化铜的演示实验为例对以上要素进行具体分析：

（1）引入演示。演示前教师将以下问题作为引入，给学生一个心理准备，为接下来演示的有效性奠定基础：1）氢气通过反应器前怎样操作？2）何时向大试管中通入氢气？3）怎样使用酒精灯？4）何时熄灭酒精灯？5）何时停止通氢气？

（2）介绍媒体。教师对装置按由整到散，由散到联，由外到里的顺序进行介绍，指导学生进行观察。由整到散，即先观察装置全貌，而后观察各部分，对反应器（大试管）、加热器（酒精灯）、氢气发生器（启普发生器）、夹持器（铁架台）等一一进行展示，说明其名称与功用。由散到联，介绍仪器的连接方式，提高学生在选择和安装实验仪器时的准确性。

（3）指导观察。教师按实验的进行顺序指导学生观察氢气的验纯操作、试管的倾斜程度、通氢气与点燃酒精灯的先后顺序、产物的颜色变化和撤离酒精灯的时间，这一系列的指导说明都是与教师的演示实验操作同步进行的。根据实验的进程，指导学生观察实验的操作与现象，方便学生的模仿与演练。

（4）控制操作。教师应当注意对氢气的验纯，实验开始前和结束后通氢气与点燃酒精灯的顺序等这些具有危险性操作的控制，做到胆大心细，规范准确，同时能灵活应对实验进行过程中的一些不稳定因素或是与预期不符的实验现象，给出科学的解释。

（5）说明启思。从最开始的安装仪器顺序，通入氢气的导气管的放置位置到实验开始前装置气密性的检查，以及接下来的每一个实验步骤，教师都要及时给予说明，启发学生思考这样操作的原因。在实验现象产生时指导学生有针对性地对实验结果进行观察和记录，提高学生独立操作的正确性。

（6）整理小结。在演示实验最后，教师可以通过几个简短的口诀对整个实验进行整理和总结："氢气检纯试管倾，先通氢气后点灯。黑色变红水珠出，熄灭灯后再停氢"。对每条进行具体解释，便于学生的理解和记忆。

## 第四节　演示技能的类型

演示可以唤起学生的学习兴趣，提高学生的学习效率，调动学生的学习主动性，发展学生的观察和思维能力。随着科学技术的不断发展，演示的内容更加丰富，形式更加生动，方法更加多样。主要有以下四种类型。

### 一、实物标本和模型的展示

在教学过程中，通过实物、标本和模型的展示，使学生具体感知教学对象的有关形态和结构特征。一些化学物质的结构用语言叙述不便于学生的想象，甚至会产生错误理解，用模型演示可以使学生直观生动形象地了解物质的微观结构。

**案例1：** 　　　　　　　　　甲烷的结构

　　在有机物的教学中，教师可指导学生自行搭建模型，便于一些抽象物质结构的观察和理解。例如，甲烷的空间四面体结构是一个重点和难点，教师可以拿出甲烷的球棍模型进行讲解，学生就可以获得直接的感受，认识到四个C—H键是等效的，可以更好地理解甲烷的空间四面体结构。这是最常见、最典型的模型展示。在今后的分子晶体、原子晶体等内容的学习时，也会经常用到此类型的演示。

**案例2：** 　　　　　　晶胞的计算

　　在学习晶体的结构一节中，尤其是涉及晶胞的计算时，教师可以通过展示晶胞模型，讲授原子个数比的计算方法。边观察，边学习原子处于顶点、体心、面心、线心等位置时的个数计算，将这种抽象的想象与计算转化成具体形象的展示，便于学生的学习和理解。图8-1为氯化钠晶胞模型。

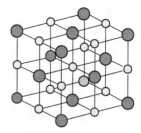

图8-1　氯化钠晶胞模型

## 二、图表、图片、挂图的展示

　　挂图是化学教学中经常用到的一种教学手段。它制作方法简单，形式灵活多样，使用不受地点条件的限制。

**案例：** 　　　　　　　　　胶体的性质

　　在学习完胶体的概念和性质后，教师可通过一张图表将胶体与之前学习的溶液、浊液进行比较，使学生能有效地联系对比前后知识，形成系统的知识结构，更加的形象、直观。表8-1是胶体的性质图表。

表8-1　胶体的性质图表

| 分散系 | 溶液 | 胶体 | 浊液 |
|---|---|---|---|
| 微粒直径/nm | <1 | 1～100 | >1 |
| 分散质粒子 | 分子或离子 | 分子集合体 | 分子集合体 |
| 外观 | 均一、透明 | 均一、透明 | 不均一、不透明 |
| 稳定性 | 稳定 | 较稳定 | 不稳定 |
| 丁达尔现象 | 无 | 有 | 无 |
| 能否通过滤纸 | 能 | 能 | 否 |
| 能否通过半透膜 | 能 | 否 | 否 |
| 实例 | 盐酸溶液 | 氢氧化铁胶体 | 石灰乳、泥水 |

### 三、化学实验的演示

在化学教学中，许多概念、原理、规律的引入都是从实验展开并最终由实验加以论证的。演示实验是教师通过实际的实验演示，指导学生观察和思维，从而认识物质的性质及变化规律的一种教学方法。

（1）物质性质的演示。演示物质发生的物理和化学变化，组织学生分析物质变化的实质，进一步归纳出物质的性质、鉴别方法、用途等。指导学生观察物质的颜色、气味、状态等物理性质，以及发生化学变化时的现象、条件、产物的性状等。

> **案例：** **金属钠与水反应**
>
> 演示分为三步。第一步：金属钠的取用（观察钠的存放和新切开断面的颜色变化情况并记录）；第二步：金属钠与水的反应（观察"浮""游""熔""响""红"的现象）；第三步：生成物成分检验（爆鸣声——氢气；溶液变红——氢氧化钠）。通过演示，学生掌握了金属的物理化学性质，同时了解了研究物质性质的基本程序，即观察物质的外观性质、预测物质的性质、实验、解释及结论。

（2）物质制取的演示。演示某些重要单质或者化合物的制取时，教师要引导学生运用已有的知识分析问题，认识制取物质的反应原理及装置特点等。教师指导学生观察所用试剂的种类和性状、选用的仪器及安装连接的方式、操作步骤、实验现象、生成物的性状、尾气吸收等。

> **案例：** **实验室制取氯化氢**
>
> 演示分为检查装置的气密性、安装仪器、放置药品、进行实验、收集气体和尾气处理几个步骤。教师结合演示，讲清以下几个问题：为什么用浓硫酸和食盐晶体反应制取氯化氢？能否用这两种物质的水溶液制取？为什么用排饱和食盐水法收集氯化氢？为什么要用干燥的集气瓶收集氯化氢？用水收集氯化氢时，为什么不将长玻璃管伸入水中，而将倒置的漏斗没入水中等。这些问题的解决意味着对氯化氢气体性质的进一步学习与应用。类比氯气的制取，总结固-液加热制备气体装置的适用范围。

（3）说明概念和原理的演示。化学概念和原理比较抽象，实验演示能使学生直接感受物质发生化学变化时生动、鲜明的现象。教师指导学生对现象进行分析、综合、抽象、概括，让学生认识化学现象的本质和规律，进而上升为理性知识，理解概念和原理。

> **案例：**　　　　　　　　**强弱电解质的导电规律**
>
> 　　通过以下三个层面的演示配合同步的提问，清楚阐释出强弱电解质的导电规律。第一层面：教师用电导率传感器测定 0.1mol/L 氢氧化钡溶液与 0.2mol/L 氨水溶液的电导率；第二层面：教师用等浓度稀硫酸滴定 0.1mol/L 氢氧化钡溶液，指导学生观察电导率的变化；第三层面：教师用等浓度稀醋酸滴定 0.2mol/L 氨水溶液，指导学生观察电导率的变化。通过以上三个层层递进的形式进行演示与提问，使学生对强弱电解质的概念、导电能力、影响因素有了进一步的理解和认识。整个过程中教师只是扮演了一个指引者的角色，所有知识均为学生自己观察思考、总结归纳，提升了学习效果。

　　（4）操作示范的演示。此类型的演示主要突出实验过程中操作步骤的要领掌握，要求教师在此过程中严格规范自己的每一个动作，精准地向学生进行示范。

> **案例：**　　　　　　　　**过滤操作**
>
> 　　教师的演示主要分为过滤器的准备、安装和过滤三步，对应的操作要领务必精准，如取圆形滤纸对折两次，将尖端朝下放入漏斗中，边缘比漏斗口稍低；打开的滤纸放入漏斗后，用手按住滤纸，再用蒸馏水润湿，紧贴漏斗壁不要留有气泡，使滤纸边缘低于漏斗边缘；漏斗放在漏斗架上后调整高度，使漏斗管口紧靠盛接滤液的烧杯壁；一手拿烧杯，一手拿玻璃棒，玻璃棒要略带倾斜，紧靠三层滤纸处，倾倒液体时，烧杯口要靠住玻璃棒，漏斗末端紧靠烧杯内壁，使液体沿玻璃棒流下，液面要保持低于滤纸边缘。最后教师再次以口诀的形式进行小结："一贴""二低""三靠"。这类演示对教师的操作要求很高，要在课前反复练习，便于学生的课下模仿。

### 四、多媒体教学的演示

多媒体教学演示具体内容及教学案例见"信息化教学"一章。

## 第五节　演示技能的应用要点

　　演示作为一种直观的教学手段，虽然有各种不同的类型、方法，不同的演示时机和演示目的，但是有些共同点还是要遵守和注意的。

（1）目的明确，尊重科学事实。演示实验的主要作用不仅是为了获得某一次具体的实验结果，而是为了实现教学目的。演示实验的选择和设计，要有利于突出教学的重点、难点，不能单纯为实验而实验，也不能单纯为激发学生兴趣而实验。在演示实验中教师必须让学生事先明确实验目的、观察要点，对实验装置、操作步骤、观察到的现象进行积极思考，启发学生分析、综合、抽象、归纳出规律性的化学理论。演示实验必须确保安全，不容许有任何可能伤害师生的事故发生。

（2）直观可见，面向全体学生。演示实验操作要注意直观性，必须要求现象鲜明，易于观察，能明确说明问题。为此，演示物要有足够的尺寸，要放在一定的高度上，对演示物要有确切的指示，即要注意材料的大小。对于需要观察一些细微现象的演示实验（如少量气泡），最好配合多媒体设备加以放大，使前排的学生不要挡住后排的学生。如果讲台太矮，可以用支垫垫起来，但是支垫物要稳。同时，还要考虑自己所站的位置以及手势是否挡住某些学生的视线，所穿衣服的颜色是否干扰实验现象等。教师的这些行为都是为了让全体学生更加直观地观察到实验现象。

（3）抓住时机，把握关键信息。教师除了做好组织教学，及时提示学生把握住关键时机，注意观察外，在可能情况下，争取时间重复演示几遍；创造条件设法延长实验现象的可观看时间，为学生创造收看机会，提高观察注意力。为集中学生的注意力，教师可用倒计时等形式提醒学生注意观察。对确实不易观察的现象，教师可事先用录像方法进行摄制，在教学时可采用录像播放时的定格、慢放、重播等方法使学生看清楚。

（4）合理安排，操作讲解同步。教师做演示实验过程的每一步都应规范化，否则将影响学生实验技能的形成，因为学生掌握操作技能的唯一途径是练习，而练习往往是从模仿开始的。演示时，每一个动作要有衔接，使每一位同学能够看清楚，有利于学生在大脑中形成操作表象，也有利于学生养成良好的实验习惯，便于学生以后模仿。教师在演示的同时要进行必要的讲解，把演示与讲解完美地结合起来，使学生能够视听结合地接受知识。这样做可以起到提高学生的理解力和巩固知识的作用。

（5）准备充分，应对突发状况。演示前检查实验器材，提前预试，充分准备。其目的在于探索影响实验成功的因素，掌握好成功的条件和关键，做到心中有数，从而保证课堂上的演示成功。此外，上课前，对已经准备好的实验用品还必须一一检查。尤其是一些小的用品，如火柴、药匙、玻璃棒、纸槽、镊子等，避免实验时出现被动的局面。例如，白磷自燃实验，如果遇到阴雨天气，滤纸就会吸收大量水分而潮湿，如果事先不进行烘干处理，就可能导致实验失败。

# 第六节　演示技能案例评价

## 一、演示技能课堂观察量表

演示技能课堂观察量表见表8-2。

**表8-2　演示技能课堂观察量表**

| 一级指标 | 二级指标 | 三级指标 | 权重 | 得分 |
|---|---|---|---|---|
| 学生学习<br>（20分） | 准备 | 1. 学生课前是否准备用具（教科书、笔记本、学案）<br>2. 学生对新课是否进行预习 | 0.02 | |
| | 倾听 | 3. 学生是否认真倾听教师授课<br>4. 学生能否复述教师讲课或其他同学的发言<br>5. 倾听时，学生是否有辅助行为（记笔记、查阅资料、回应等） | 0.06 | |
| | 互动 | 6. 学生是否积极回答教师提问，主动参与讨论<br>7. 学生是否有行为变化，与教师有共鸣、认同、默契 | 0.04 | |
| | 自主 | 8. 学生能否有序进行自主学习<br>9. 自主学习效果如何 | 0.04 | |
| | 达成 | 10. 学生是否对媒体感兴趣<br>11. 学生是否通过教师的演示得到初步结论 | 0.04 | |
| 教师教学<br>（40分） | 环节 | 12. 教师在演示之前是否说明目的<br>13. 教师的演示工具能否为学生提供直观感性的材料<br>14. 教师在演示时，操作能否做到规范<br>15. 教师演示结束后是否整理小结 | 0.18 | |
| | 呈示 | 16. 教师采用何种媒体展示教学（实验、挂图、模型、音频、视频、PPT等），效果如何 | 0.04 | |
| | 对话 | 17. 教师在演示时，是否要求学生参与 | 0.05 | |
| | 指导 | 18. 教师在演示的过程中对学生的行为（（1）指引观察；（2）提问；（3）启发思维；（4）其他），效果如何 | 0.05 | |
| | 机智 | 19. 教师处理突发事件是否得当<br>20. 教师呈现哪些非言语行为（表情、移动、体态语、沉默等） | 0.08 | |
| 课程性质<br>（20分） | 目标 | 21. 目标是否适合学生水平<br>22. 课堂有无新的目标生成 | 0.05 | |
| | 内容 | 23. 教学内容是否凸显学科特点、核心技能及逻辑关系<br>24. 容量是否适合全体学生 | 0.05 | |

| 一级指标 | 二级指标 | 三 级 指 标 | 权重 | 得分 |
|---|---|---|---|---|
| 课程性质<br>（20 分） | 实施 | 25. 教师是否关注学习方法的指导 | 0.02 | |
| | 评价 | 26. 教师如何获取评价信息（回答、作业、表情）<br>27. 教师对评价信息是否解释、反馈、改进 | 0.06 | |
| | 资源 | 28. 预设的教学资源是否全部使用 | 0.02 | |
| 课堂文化<br>（20 分） | 思考 | 29. 全班学生是否都在思考<br>30. 思考时间是否合适 | 0.05 | |
| | 民主 | 31. 课堂氛围良好，文化气息浓厚，师生互动及时<br>32. 课堂学生情绪是否高涨 | 0.06 | |
| | 创新 | 33. 教室整洁，座位布置合理，便于教师走下讲台，与尽可能多的学生互动交流 | 0.03 | |
| | 关爱 | 34. 师生、生生交流平等，尊重学生人格 | 0.03 | |
| | 特质 | 35. 哪种师生关系：评定、和谐、民主，效果如何 | 0.03 | |

## 二、演示技能教学设计案例

课题：萃取和分液（人教版高中化学必修一第一章第一节第二课时）

训练者：张萌　　　　　时间：14min　　　　　成绩：86

教学目标：1. 掌握萃取和分液的原理；

　　　　　2. 掌握萃取和分液的操作过程及注意事项。

| 时间 | 教 师 行 为 | 学 生 行 为 | 技能要素 |
|---|---|---|---|
| 0.5min | 【导入】：同学们，上一节课我们已经学过了固-液的分离方法——蒸发和过滤。大家也已经掌握了分离固液的方法。那么老师想问一下液液要怎么分离呢？今天，我们就来学习液-液的分离方法——萃取和分液 | 回忆蒸发过滤的知识。<br>认真听讲，积极思考，集体问题 | 引导回忆旧知识，建立联系，使学生掌握要点 |
| 2min | 【讲述】萃取：用溶解度较大的溶剂将溶质从溶解度较小的溶剂中提取出来的操作。分液：把两种互不相溶的液体分开的操作。<br>【讲述】了解了萃取和分液的概念之后，我们来进行实验操作。首先回顾一下以前学习过的有关碘的性质。请一位同学来给大家回顾一下。<br>【补充】李艳同学回答得很好，现在老师再来给大家补充一下。碘是一种紫黑色的、带有光泽的晶体。它微溶于水，易溶于有机溶剂，如四氯化碳、乙醇、苯等。<br>【讲解】今天，我们所要用到的试剂是四氯化碳和碘水，所要用到的实验仪器是分液漏斗。大家看，它和平常所用漏斗最大的区别是它有一个活塞，通过控制活塞旋转来控制溶液的流出和停止 | 认真听讲，积极思考。<br><br>【回答】碘是一种黑色固体，它微溶于水，易溶于有机溶剂。<br><br>回忆碘在有机溶剂中的溶解度大于碘在水中的溶解度 | 说明和启迪（讲解萃取和分液的定义，起到说明和启迪的作用）。<br><br>出示和介绍媒体（出示并介绍仪器、使学生更直观地理解） |

续表

| 时间 | 教 师 行 为 | 学生行为 | 技能要素 |
|---|---|---|---|
| 5min | 【演示实验】首先，检查是否漏液，分别量取 10mL 的碘水、5mL 的四氯化碳加入到分液漏斗中。<br>【讲解】为了使碘从水中提取，将两种溶液充分接触，震荡分液漏斗。右手张开，用手心按住分液漏斗上部玻璃塞五指控制分液漏斗径，左手控制下口活塞，用力震荡，为了使分液漏斗内外压强相等，震荡后打开下口活塞进行放气。依次震荡三次，将分液漏斗放置在铁架台上静止等待分层 | 认真观看老师操作，并仔细观察现象。积极思考，仔细观察教师演示实验，思考实验中的步骤、注意事项等 | 操作控制指引观察；强调操作注意事项观察要点 |
| 8.5min | 【提问】同学们现在再来观察一下分液漏斗中有什么变化？<br>【讲解】碘从水中转移到了四氯化碳中。现在我们来进行分液，将小烧杯放置在分液漏斗下，使分液漏斗下部紧靠烧杯内壁，右手打开下口活塞，使下层溶液从分液漏斗中流出，待下层溶液完全流出以后，关闭活塞，再将上层溶液从上口倒出，这样，两种液体混合物就完全分开了 | 【回答】分液漏斗上层为无色，下层为紫红色。<br>认真听老师讲解，并参与互动回答 | 说明启迪；利用问题驱动，引发思考。解释现象；注意分层、颜色的变化等 |
| 10min | 【清洗仪器】同学们，在实验完成以后，要清洗仪器。将一小片纸垫到分液漏斗的玻璃塞芯上，将塞芯塞到塞槽内，上部玻璃塞也要垫一片纸，这样做的目的是防止玻璃塞与磨口处粘连在一起，垫好纸片后，将分液漏斗放置在实验台上 | 观察，思考，注意教师清洗仪器的过程和注意事项 | 养成良好实验习惯 |
| 12min | 【讲解】好了，同学们，以上就是我们今天实验的所有步骤，那么在实验中应注意哪些事项呢？下面就由老师带领大家一起来看一下 | 积极思考：萃取和分液的具体过程 | 巩固知识，形成学习氛围 |
| 14min | 【总结】注意事项：（1）检查分液漏斗是否漏液；（2）加液时液体体积不能超过容积的3/4；（3）震荡时两手一定要正确地握住分液漏斗；（4）放气时下口不能对着人；（5）分液时上层溶液从上口倒出，下层溶液从下口放出；（6）清洗实验仪器，垫上纸片。好了，同学们，今天我们的课就上到这里 | 【整理和小结】思考萃取和分液的注意事项，达到巩固的作用 | 引导总结实验注意事项，注意实验安全，共同回忆总结提高 |

### 三、演示技能教学案例评价

演示实验中鲜明、生动、直观的实验现象能为学生提供丰富的形象思维素材，有效地激发学生的想象力。同时，实验引发的问题，可以激起学生为寻求答案而运用归纳演绎、分析综合等方法去解决问题的思维活动，从而培养和发展学生的形象思维和抽象思维。运用演示导入新课，能引发学生强烈的好奇心，凝聚注意力。通过演示实验向学生提出综合性较强的问题，可以考查学生的观察、记忆、推理和判断能力。下面将从四个方面对张老师的教学演示片断进行分析、评价。

（一）学生学习维度

（1）准备。本节课教师通过演示萃取、分液实验，要求学生掌握实验步骤、注意事项等关于物质分离的实验方法。实验是学习化学的基础，学生对实验的兴趣至关重要。学生学习兴趣浓厚，紧跟教师节奏，能在知识上和教师产生共鸣，足见学生课前认真研究物质的分离方法，并能初步掌握萃取和分液的区别与共性。

（2）倾听。学生上课表现较好，能积极回答问题，认真倾听教师授课。通过分析学生表情可知学生能够清楚明白萃取、分液的操作过程、注意事项等知识点。对于教师的提问，学生认真思考，以集体回答的方式积极配合教师的教学行为。

（3）互动。老师通过演示引导学生观察实验现象，学生课堂互动较多，集体回答正确的实验现象。整节课教师引导到位、讲解知识点时清楚明白，学生配合默契达到预期教学效果。真实的课堂同样需要师生的默契配合，在知识和情感上产生认同才能使教学顺利进行。

（4）自主。本节课，学生在自主学习方面表现较好，学习效果明显。学生在老师演示实验的过程中认真观察，形成良好的学习氛围。在教师的指导下学生清楚明白实验的观察点，对操作过程和注意事项理解得淋漓尽致。教学需要"教为主导，学为主体"的教学氛围，学生才能形成自主学习的风气。

（5）达成。教师仅通过实验进行教学，在媒体选择方面不够丰富。新课程开始时能吸引学生注意力，随着实验的进行，学生容易产生视觉疲劳。张老师在演示实验的过程中出现不严谨的操作，容易使学生产生错误的理解，对知识的达成不利。建议张老师在讲解萃取分液的概念时，播放相关视频、PPT等，图文并茂地传递知识。

（二）教师教学维度

（1）环节。张老师在使用溶液时拿在手中展示给学生直观的感官材料，但在实验操作过程中多次出现操作不严谨的地方，比如，量筒选择不当（取10mL溶液应用50mL的量筒）；分液漏斗没有清洗直接塞纸；倾倒溶液时标签没有握向手心。教师在演示实验时实验操作规范是对教师的最低要求，"身正方能为范"。实验结束后张老师带领学生一起归纳总结，有助于知识的巩固和学生能力的提高。

（2）呈示。教师在演示之前应该说明目的，而张老师在分液时打开塞子却没有给学生解释原因。教师在演示实验时不能纯粹进行实验，若能把注意事项进行及时的演示、解说，在实验中效果会事半功倍。张老师整节课教态端正、语言组织较好、声音洪亮，达到训练标准。但教学媒体选择单一，实验的同时伴随多媒体课件，可减少板书的书写。

（3）对话。整节课，张老师边讲解边实验，虽然教学环节紧凑但缺少学生参与，类似传统的"满堂灌"。对于简单的化学实验，学生应在教师的讲解基础上提高动手能力。建议本节课让学生自主实验、自主观察实验现象、小组讨论、填写实验报告。

（4）指导。张老师在讲课前板书萃取和分液的定义，没有深刻讲解两种基本实验操作理论便开始实验，不利于学生掌握知识。学生没有新知识的认知概念，教师应该讲解清楚再进行试验。张老师在讲解液液分离的方法时，虽预设提问环节但没有给学生思考时间。张老师引导同学回顾碘的性质，这一环节设置合理恰当，教学效果明显。

（5）机智。本节课没有出现突发事件，可见老师的控制能力较强。张老师在讲课时一直低着头，缺少与学生眼神交流，教态略显呆板。教师在教学过程中可尝试使用非言语行为，比如表情、移动、体态语、沉默等。初登讲台师范生可以尝试使用非教育语言，增加教师魅力，辅助提高教学质量。

（三）课程性质维度

张老师的整节课教学目标符合学生水平，能够凸显学科特点，预设的教学资源全部使用。但整节课缺乏新意，只是传统的教师演示实验，学生观看实验。虽然教师设置的环节紧凑，教学内容也顺利完成，但是整堂课没有唤起学生的注意，没有很好地抓住学生的主动性。究其原因，张老师对物质分离这章的课程性质理解得不透彻。

教师应该根据不同的课程内容设置合理有效的情景教学，最大限度地激发学生自主学习的能力，只有这样才能适应新一轮课改对教学、教师以及学生的要求。教师应该弄清：通过演示实验讲解知识的教学方法是否适合所有化学知识的讲解；实验教学"重点在学，不在教"，教师应该以怎样的方式呈现给学生。

化学教学强调学法的培养，教师在教学过程中设计学法培养环节，通过有效的评价方式对信息进行解释、反馈和改进，适时选择教学媒体，尽量使课堂生动、形象、具体。

（四）课堂文化维度

开始上课时张老师表现紧张，目光没有照顾到学生，而是一个人盯着前方表情僵硬。演示实验时张老师引导学生观察和思考实验想象，课堂气氛控制得较好。整节课学习气氛相对浓厚，师生关系融洽和谐。

课堂文化具有整体性，是课堂中各要素多重对话、相互交织、彼此渗透形成的结果。教师应该运用各种教学资源、教学方式，最大限度地关注学生的思考方式，培养学生的思考习惯，形成浓厚的学习氛围。

综上，张老师通过演示碘水的萃取和分离实验来讲解物质分离的基本方法，条理清晰，按时完成教学目标，训练效果明显。但演示环节缺乏新意，师生互动较少，学生没有自主实验的机会，教学效果不够明显。建议化学师范生在进行演示时做到认真准备、操作规范、注意安全。

　　　　　　提示：目的明确，讲求实效；
　　　　　　　　　适当选用，适时展示；
　　　　　　　　　操作规范，讲演结合；
　　　　　　　　　指导观察，唤起想象；
　　　　　　　　　调动主体，全面感知。

# 第九章 强化技能

> 教学就是安排可能发生强化的事件以促进学习。
>
> ——斯金纳
>
> 对于学生来说，由于受到表扬和鼓励而引起的喜悦、快乐、得意等积极情绪，可以促进其智力发展。
>
> ——哈洛克

**学习目标：**

**知识：** 了解强化技能的概念、功能，了解语言强化、动作强化、标志强化、活动强化等类型；

**领会：** 理解强化技能的提供机会、提出要求、作出判断、表明态度等构成要素和应用要点；

**应用：** 选取中学教材一节内容，编写规范的强化技能教学设计，并反复练讲；

**评价：** 根据学生学习、教师教学、课堂文化、课程性质四个维度，熟练运用强化技能课堂观察量表进行强化技能训练案例评析。

# 第一节　强化技能概述

强化技能是指教师在教学过程中所运用的一系列促进与增强学生正确反应，保持学习动力的教学行为。在教学中，为使学生保持或重复出现某种反应，教师采用各种肯定、鼓励或纠错等方式，使教学信息对学生的刺激与所期望的学生反应之间建立稳固的联系。从而，促进和增强学生正确反应，帮助学生形成正确行为，不断保持学习动力，同时发散学生思维。

强化在心理学是指"任何有助于机体反应概率增加的事件"。行为主义学习理论认为：学习是改变行为的过程，是建立刺激与反应联结的过程。通过强化某些需要的反应，可以塑造、操作和控制操作性行为，同时消退其他不需要的行为。美国当代心理学家斯金纳提出以操作性条件反射为核心的学习理论。教育就是塑造人的行为，有效的教学和训练的关键就是建立特定的强化。强化不仅指强调或巩固，而且指教师向学生提供表现的机会，一旦学生在操作中出现正确的反应，教师迅速捕捉到反馈信息，给予肯定或奖励，使学生得到奖励而产生满足感，巩固正确行为。强化具有很强的导向作用，是塑造学生正确行为和保持行为强度所不可缺少的教学技能。在教与学的双边过程中，学生主观能动性的发挥是提高教学质量的内因，教师发挥主导作用是提高教学质量的外因。因此，教师的主导作用着重于调动学生学习的自觉性，通过不同的强化方式引导学生形成正确行为。

# 第二节　强化技能的功能

强化技能是调控课堂教学效果的有效技能，对引起学生兴趣，激发学习动机，调动学习积极性和主动性，增强学生参与程度具有重要意义。在课堂教学过程中，强化技能具有以下四点功能：

（1）集中并保持注意力。在教学过程中，学生可能同时接受多种媒体传递的信息，其中大部分信息是与教学内容和教学活动有关的。那些与教学内容和教学活动无关的信息，会对学生的学习产生干扰。强化技能具有导向功能，教师需要不断促使学生将注意力集中并长时间保持到教学活动中，指向教学主题和教学目标。教师正确地运用强化技能，能够帮助学生克服注意力不稳定的弱点，及时唤起学生的有意注意，引导学生不断将注意力指向正确的方向。

（2）激发并增强学习动机。学习动机是学习的内驱力。根据心理学测试的结果，同样基础和同等水平的学生，在教学过程中能否得到鼓励，能否及时知道所犯错误，能否尽快了解学习成绩，其学习效果明显不同。得到及时的鼓励与纠正并了解自己成绩的学生，学习成绩要好得多。学生的学习行为受到强化则产生较强的学习动机，无强化则缺乏学习动机，受到惩罚则降低学习动机。教师适当强化，能够使学生在学习中所付出的努力和取得的成绩得到肯定和奖励，从而使学生在心理上得到满足，必然使学生的学习动机不断被激发并得以增强。

（3）巩固并完善正确行为。在教学过程中，教师给学生提供表现的机会，学生做出正确反应，教师采取恰当的强化方式给予反馈，学生感到教师认可自己的努力和表现，促进学生巩固正确的反应。强化的结果使正确行为的"反应概率的增加"，消除或减弱学生不被期待的行为，达到正确行为巩固与完善的目的，提高学习效率。

（4）促进并加强情感交流。罗森塔尔的"期待效应"表明：创造良好的情感气候和心理环境，有利于人的成长。教师对学生的情感很大程度体现在课堂教学态度上。在组织教学过程中，教师运用强化技能有助于形成良好的学习氛围。教师应尽可能关注每一个学生的学习行为变化并给予肯定和奖励，对学生存在的缺点和不足给予耐心细致的指导，从而体现教师对学生的关心和尊重，促进师生之间的情感交流，使课堂气氛和谐而融洽。

强化是促进学生学习动机的催化剂，是提高教学质量的引燃剂，是促进师生关系的黏合剂，是成功教育的支撑点。因此，强化技能作为一项重要的教学技能，教师应当熟练掌握，准确运用。

## 第三节　强化技能的构成要素

强化技能是调控教学过程的技能，强化与反应有关，先有反应后有强化，强化技能一般包括教师提供机会、提出要求、作出判断、表明态度这四个要素。

（1）提供机会。操作性条件反射理论指出，强化只同反应有关，并出现在反应之后。在教学过程中，教师利用教学材料（强化物）例如学案、练习题、问题、测验、竞赛、实验等，给学生提供作出反应的机会，表现个人能力。教师一方面要在备课时充分预测学生的反应和行为，拟定应对的强化方式（何种语言、何种动作、何种标志、何种活动，即时的或延时的）；另一方面也要有应变的意识，根据课堂教学的实际情况迅速选择并及时变换获取最大效果的强化方式，促进教学过程的优化。强化物的设置要遵循以下原则：目的性明确，能够将学生的注意力和兴趣集中到教学内容上；能够兼顾各个层次的学生，激发学生的学习兴趣，维持良好的课堂秩序。只要学生兴趣集中到强化物便可进入下一步骤。

（2）提出要求。针对教师提供的强化物不同，可以提出不同的要求。当强化物是测验或者竞赛时，可以提出结果性要求或过程性要求。结果性的要求比如听写化学方程式，教师的要求是配平速度快、正确率高；过程性的要求例如化学用语、符号、方程式书写规范、完整；当强化物为练习题时需要解题步骤清晰、解题思路新颖灵活等。学生具有表现和获得奖励的动机，会更加专注于倾听老师提出的要求，教师的要求越明确，学生完成的目的性越强，学习动机越明显，学习效果越好。

（3）作出判断。在教学过程中，学生对强化物作出反应时，教师尽可能关注到每一个学生的反应，要善于捕获有价值的反应。教师应具有教学反馈信息的意识，时刻保持获取教学反馈信息的热情。通过形态观察法、课堂提问法、课堂考查法、作业检查法、课下座谈法等方式收集反馈信息，防止仅凭经验控制教学过程的做法。认真观察学生的反应和行为，聚精会神地倾听学生的叙述，及时关注学生的活动，充分估计学生可能出现的情况，熟悉练习题的答案，以便迅速确定学生行为的正误，准确做出相应的强化，预测教学发展趋势，调整教学方案。

（4）表明态度。通常教师给出的强化物不容易达成，学生作出的反应是尝试性的，反应的依据不够稳固，教师过于简单、笼统的肯定或否定使学生无法意识到自己的行为是否正确。教师需要明确给出正确行为或标准，才能使学生意识到受到鼓励或表扬的原因，使这种反应与刺激建立稳固的联系。教师在进行强化时，要面向全体同学，让学生经过讨论之后互相评价，等多数学生都能明白是怎么回事，教师再去明确态度，这样既照顾到每一位学生，又能保证课堂气氛良好。

---

**案例：** 乙 酸

提供机会：家里做鱼时加点醋和料酒（说醋和料酒语气加重）可以去除鱼腥，增加鱼的鲜味，你们想（"想"字语调拉长）知道其中的奥妙吗？（停顿）那是因为醋的主要成分乙酸和料酒的主要成分乙醇发生化学反应，生成具有果香味的有机物——乙酸乙酯（这句突出果香味、乙酸乙酯），这个反应就是接下来我们要学习的酯化反应。

提出要求：在演示实验时，教师要求学生认真观察实验装置和实验现象。实验结束后，以小组形式在 2min 内进行讨论，针对实验能提出哪些问题？然后由其他小组抢答，比较哪组问题的解答最令大家满意。

作出判断：在演示加入浓硫酸容易造成液体局部过热而沸腾时，教师要求学生解释出现该现象的原因，学生回答后，教师给予评价。教师让两位学生协助完成演示实验，让其他学生注意台上学生震荡试管的操作，并比较谁做得更标准。教师给予评价，再次示范，并重申要领。

表明态度：对于实验内容，大家观察得十分仔细，讨论激烈，我认为本节课最佳合作小组应该是××，最佳小教师小组应该是××，最会观察实验的小组是××，最会提问的小组是××，同学们为自己鼓鼓掌，下面老师再将这个实验重述一遍，希望大家仔细听。

# 第四节　强化技能类型

在课堂教学中，根据强化物的形态将强化技能分为：语言强化、动作强化、标志强化、活动强化这四类；根据强化运用的时机将强化技能分为：即时强化、延时强化。

## 一、语言强化

语言强化指在教师教学过程中，针对学生的行为或反应，用语言作出评价，表明态度，引导学生行为指向正确的方向。教师主要是用语言来表扬和鼓励学生。语言强化依据表达形式不同分为口头语强化和书面语强化。

### （一）口头语强化

口头语强化是指教师对学生进行口头的肯定、表扬、鼓励以及批评、指正。表扬和鼓励是对学生学习行为、结果进行肯定性评价。必要的批评、指正是对学生学习行为进行否定性评价。强化是一个复杂的行为，口头语强化运用要考虑学生的年龄特征，例如"你很勤奋努力"对低年级学生使用效果较好，但是对初中以上的学生而言会因为"笨鸟先飞"的观念，让学生感到自卑。口头语强化又可根据判断语和引导语的直露或含蓄程度，分为直接语言强化和间接语言强化。

（1）直接语言强化。指教师用语言直截了当地对学生的行为加以肯定，如在学生答题时及时下断语：对、正确、好、很好、答得不错、分析很细致、概括很全面、有独到见解等。如果学生的反应部分正确，教师也应对正确的部分加以肯定，同时用语言进行引导进一步思考，如"你说的还不完整，想一想还有什么需要补充的？"

（2）间接语言强化。指教师运用含蓄的语言和恰当的表达方式对学生的行为加以鼓励，如有些学生积极回答问题，但表达不清或考虑得不细致。这时教师不应批评，反而要鼓励他："××同学很乐于动脑筋，反应敏捷。再想想，还有什么没说到的？"

### （二）书面语强化

书面语强化是教师在学生的作业本、试卷或板书练习上所写的批语，对学生的学习行为产生强化作用。一些教师在作业本上为学生写上鼓励的话语，以此让学生获得较强的学习动机。另一些教师在批改试卷时打"×"，会使学生感到无比失落并无心关注到底错在哪，产生避免学习的动机。教师应当正确指导结果归因，促使学生继续努力。

> **案例：**　　　　　　　**书面语强化的妙用**
>
> 　　王老师在批改作业的时候用"?"提示关系不明，方法繁琐；认为学生粗心马虎，做题不规范完整用"—"标注；对于作业完成好的评语写上"好！继续努力！"作业书写工整写上"字迹工整！"作业有进步的写上"有进步，一次比一次好！"作业完成的马虎写上"需要加倍努力！""如果再用心些就更好了！"
>
> 　　王老师用书面语强化学生作业，符合新课程理念，关注学生作业的过程与方法，不过分强调结果，强化学生思维过程。运用了心理学的期待效应，增加学生自信，有利于学生反思学习活动，掌握学习方法。

## 二、动作强化

动作强化是指教师在课堂上用动作和表情等体态语，对学生的行为表示赞许和鼓励，以表明教师的态度和情感，来强化学生的正确行为。例如，教师可以用微笑对学生表示赞许，以点头和摇头对学生的行为表示肯定或否定，以鼓掌对学生表示强烈的赞许和鼓励，以身体的接触（拍拍肩膀等）表示对学生的关心或某种暗示，以此接近学生表示关切等。

动作强化具有直观形象的特点，必须与教学内容紧密配合，繁简适度，分寸适当，避免过分夸张。为了获取学生的反馈信息，教师可以在课堂上适当走动，以缩小师生间距离，使课堂气氛融洽，在走动时必须动作轻缓，姿势端正自然，不要做出过多的动作而分散学生的注意力。

（1）面部动作强化。表示关注或提醒。心理学家指出，信息传递的效果 = 文字（7%）+ 语调（38%）+ 面部表情（55%）。面部表情在信息传递方面之所以占有很大的比重，主要是因为人对视觉信息的接受比听觉信息的接受更为灵敏。在教学实践中，教师微笑着倾听学生的表述比面无表情更显亲和，传达的信息更为丰富。

（2）头部动作强化。通过点头或摇头，对学生的表现给予肯定或否定，如学生回答正确，教师点头给予肯定性评价而不做口头评价；回答错误，摇头给予否定，则不会导致学生感到羞愧。

（3）手部动作强化。在教师提出问题后做出"举手"动作，示意并鼓励学生积极回答问题，参与教学活动。在实验演示到关键步骤时做出"拇指与中指相扣，食指竖起"动作，引起并保持学生学习的注意力。师生共同完成一项活动后做出"鼓掌"动作，可以促进师生的情感交流，创造和谐的课堂气氛。练习课上，对不专心的学生，教师走进并拍肩膀或摸头，提醒学生集中注意力。

**案例：**           **习题解答**

投影例题：已知 $1mol$ CuSCN 在下列反应中失去 $7mol$ 电子，完成并配平下列化学方程式：$CuSCN + KMnO_4 + H_2SO_4 \rightarrow HCN + CuSO_4 + MnSO_4 + K_2SO_4 + H_2O_2$

下面同学们独立动手做。（学生解题）教师巡视，发现一些学生用常规方法配平，配平速度很慢，正确率很低；只有个别学生按利用氧化还原反应中氧化剂的电子总数和还原剂的电子总数总是相等的规律，根据题中已知条件设未知数求解。我发现王力的解法跟多数人不一样，但他算得又快又准。请你把解题过程写到黑板上，再说说你的思路。（王力板演并说明自己的思路和解题过程）教师站在一旁认真地听，并不停地点头，表示赞许。

教师主要用到了语言强化、动作强化。其中动作强化包含"点头"表示赞许，"巡视"关注到全体学生，保证学生都认真做题，及时获取反馈信息。做题的思路方法能体现学生的逻辑性、敏捷性、灵活性、创造性。当学生在学习中表现出较强的思维能力时，教师及时给予强化，可以促进学生的思维发展。

### 三、标志强化

标志强化是指教师用各种色彩鲜明的标志符号，对学生的学习成绩和行为进行肯定和鼓励，以强化学生的正确行为。对学生的练习和作业给予适当的标志强化，是教师常用的评价手段。例如，教师边听学生的回答，边在板书和板图上标出重点和关键，以示学生回答正确。教师所用的标记可以是彩色粉笔绘出的点、线、图、框等，还可以把学生发言的要点写在黑板上，以示重视。标志强化也可用于纠正学生的错误反应，明确指出哪些题目做错了，作业的成绩不理想，累积成绩下降了，回答的内容不完整等。对学生的错误行为和反应及时加以标志，实际上也是为了引导其形成正确行为。

**案例：**           **实验报告讲评（初中）**

教师向全班展示五份实验报告，上面印有"优秀"字样的红印章。老师说："这五份实验报告格式规范、书写认真，分别是李宁、马强、王欣、周杰和王燕的。其中李宁同学设计的实验记录表格直观、形象。马强、王欣同学对实验现象的解释全面到位，可以看出他们查阅了大量资料。周杰和王燕同学能够实事求是地记录实验现象，并作出相应的解释与分析。下课后请学习委员贴在墙上供大家观摩学习，我希望下次大家都能写得这么好。"

由于是初次接触化学实验，一些学生书写实验报告不规范、不认真，采用标志强化提高了学生对实验报告的重视程度。第二次的实验报告有半数学生达到了优秀，说明教学过程中有强化过程的效果比无强化过程的更好。

#### 四、活动强化

活动强化是指教师指导或调控学生用自主行为和自我活动参与教学过程，以强化学习效果，或对学习成绩优秀、反应灵敏的学生安排一些特殊的独立活动，给学生提供表现的机会，激励学生向更高的标准迈进。在中学化学教学过程中，教师常用的活动强化方式很多。例如安排学生帮助教师检查学生的练习等，给他们以表现的机会，以激励他们向更高的标准迈进。教师在教学中，让学生做巩固练习，以小组为单位完成某个探究性课题，组织一场辩论赛或主题班会等活动可以加强巩固学生对知识技能的掌握程度。

（1）游戏强化。游戏是孩子的天性，在教学过程中可通过组织化学小游戏，如"化学与魔术""神奇喷雾""防水手机""神奇冰糖""化学扑克游戏"等唤起学生的学习兴趣，鼓励学生大胆尝试。在游戏中丰富感性认识，体会知识发生、发展的过程，加深对知识的理解，引发后续思考。

（2）竞赛强化。适当地组织学生开展课堂竞赛，激发学生学习的积极性。尝试在充分准备基础上，组织学生以演讲、辩论的形式开展学习活动。如"化学方程式配平比赛""自制化学模型比赛""化学与生活辩论赛""化学安全知识抢答"等。

（3）角色扮演强化。为学生提供展示才能的机会，体验教师角色，有针对性地组织学生参与教学活动，如互相批改作业，将正确答案公布在黑板上等。结成学习互助小组，培养合作学习能力。让学生完成一些本应由教师完成的任务，例如学生配合教师读图、填表、演示、阐述其见解等。

---

**案例：**　　　　　　**学生实验（氧气的性质实验）**

大家看王娟她们组做得特别好，他们面前只有试管架和试管，其他仪器和药品用过后都及时放回原位，桌面显得特别干净利落！（学生纷纷把摊在桌面上的仪器、药品放回原处后，继续做实验）实验结束后，教师要求学生整理好各自实验台，教师全部检查后才可离开。我要检查一下哪一组的试管刷得最干净，哪一组桌面整理得最好。张贺、刘凯、赵晓飞三组做得不错，他们的试管刷得干净，倒插在试管架上，试剂瓶排列成行；苏岩她们组的标签一律朝外，按高矮顺序摆放，其他仪器放得也很整齐；桌面既整洁又美观。（学生纷纷效仿，整理桌面）

这是"表扬个别、带动全体"的例子。这种强化方式深受经验丰富的教师的青睐。教师用语言把学生的正确行为上升到更高的层次来肯定，从而把教学要求变成学生自觉的行动，其效果要好于教师无休止地提醒与警醒。在实验课时间常常难以把握与控制，从走进实验室的第一堂课运用这种强化方式，可大大缩短学生实验规范化的时间，养成良好的实验习惯。

## 五、即时强化

即时强化是指教师在学生对教师的指令做出反应或完成某项活动之后，立即表明态度，使学生迅速得到肯定或奖励，明确哪些行为是正确的，哪些行为是错误的，从而产生较强的学习动机。艾宾浩斯遗忘规律表明"遗忘规律是先快后慢"，即时的强化反馈能让学生及时调整错误行为，同化和顺应正确信息。增强感知、理解和记忆，形成正确行为。即时强化仅对强化的时机而言，其强化方式仍为语言强化、动作强化、标志强化和活动强化等几种，或其中某几种强化方式的综合。

例如，元素符号、分子式、化学方程式等化学用语是化学特有的。教学实践表明，化学用语没有学会和记住，是造成学生学习质量不高、学习发生困难的一个重要原因。在学习化学用语、元素化合物知识时，教师采用即时强化，加深学生对知识的记忆和理解。强化不是消极的重复和记忆，而是积极地为了进一步的学习与应用做准备。它包括对知识的理解加深，使之系统化，及时记住所学的内容等。

---

**案例：** **学生实验（酸碱滴定实验）**

组织学生练习酸碱滴定时，要求学生平行做三次实验。在学生第一次操作结束后，教师强调要记录滴定体积；在第二次滴定前事先估计滴定终点；摇瓶时，应微动腕关节，使溶液向一个方向做圆周运动，勿使瓶口接触滴定管，溶液也不得溅出；滴定时左手不能离开旋塞，让液体自行流下。在学生第二次滴定结束后，教师再次强调接近终点时应改为加一滴摇几下，最后，每加半滴摇动一次锥形瓶，直至溶液显现终点颜色变化，准确到达终点为止。学生第三次滴加的准确性就明显提高。教师采用即时强化，有利于规范学生操作。学生反复尝试，直至达到操作要求。

---

## 六、延时强化

延时强化是相对即时强化而言的，即教师有意识地将强化的时机滞后，与学生的反应和行为间隔一段时间，在适当的时候再来针对学生已经发生过的反应和行为表示态度。延时强化体现了对学生的信任，是增强强化的一种手段。延时强化的方式同样包括语言强化、动作强化、标志强化和活动强化等几种，或其中某几种强化方式的综合。例如在探究性学习模式中，教师先让学生提出假说，教师均不作肯定或否定的态度，——记录下来，让学生设计方案验证假说，最后由教师小结。

教师要明确在学生学习过程何时需要强化，应以即时强化为主，对于延时强化的设计应该更为慎重而周密。强化技能可应用于多种教学方法和教学形式之中。教师在讲授、讲解、讨论、复习和组织自学时都可以运用语言、身态、挂图、板图、板书、模型和各种电教媒体进行强化。强化不仅应用于教师的讲解过程中，而且可以应用于学生讨论、阅读和作业练习中，即伴随各种课堂教学的组织形式。

# 第五节　强化技能应用要点

强化技能有很强的综合性，需要反复实践和多方设计，才能掌握并上升为技巧。教师只有清楚地认识强化的应用要点，才能有效发挥强化的作用。

（1）目的明确。强化的目的一定要明确，通过强化必须将学生的动机、兴趣和注意力集中到教学内容上，提高学生参与教学活动的意识，并以正面激励为主，促进学生正确行为的发展。保证教师的强化意图能够使学生正确理解，不产生"副作用"。

（2）形式多样。不同的知识点需要不同的认知模式，对教学方法有不同的要求。因此，教师要综合考虑教学内容、教学对象及教师自身特长等的实际状况，寻找最佳切入点，设计适当的强化内容，使强化落实在学生反应和行为上。应注意及时发现学生的正确行为并迅速进行正面强化；如果学生的反应和行为不完全正确，也要对其合理的部分进行正面强化；当学生一时不能做出正确的反应和行为时，不能简单地予以否定，而应选择恰当方式，如再让学生完成一个适合其长处的活动以表现自己，从另一角度进行强化。

（3）频率适度。强化的准确性还在于强化要适度。如果强化过度，反而会分散学生的注意力，如对初中生采取鼓掌强化，会有好的效果，但在高中班级使用鼓掌方式，反会使作答的学生感到窘迫。又如在动作强化方面，教师频繁地走动或拍学生肩膀反而会分散其注意力甚至引起反感。再如标志过多，色彩太艳，也会使学生眼花缭乱，掩盖了强化内容。

（4）方式准确。教师在运用强化技能时，应该有意识地及时变换强化的方式，在一节课内可以交替使用语言强化、动作强化、标志强化和活动强化。即使同一类强化技能，也应灵活多变，避免简单重复同一句话或同一个动作。灵活性应该与针对性结合在一起，根据学生对强化方式的不同需要，灵活地使用适合不同学生个性特点的强化技能。强化需要灵活运用语言和其他教学媒体，配合良好的教态，成为课堂组织技能的重要组成部分。

# 第六节　强化技能案例评价

## 一、强化技能课堂观察量表

强化技能课堂观察量表见表9-1。

### 表 9-1 强化技能课堂观察量表

| 一级指标 | 二级指标 | 三 级 指 标 | 权重 | 得分 |
|---|---|---|---|---|
| 学生学习 (30 分) | 准备 | 1. 学生课前是否准备用具（教科书、笔记本、学案）<br>2. 学生对新课是否进行预习 | 0.04 | |
| | 倾听 | 3. 学生是否认真倾听教师授课<br>4. 学生是否能复述教师讲课或其他同学的发言<br>5. 倾听时，学生是否有辅助行为（记笔记、查阅资料、回应等） | 0.06 | |
| | 互动 | 6. 学生能否积极回答教师提问，主动参与讨论<br>7. 学生是否接受这种强化方式<br>8. 学生是否有行为变化，与教师有共鸣、认同、默契 | 0.07 | |
| | 自主 | 9. 学生能否有序地进行自主学习<br>10. 学生自主学习效果如何 | 0.04 | |
| | 达成 | 11. 通过正强化，学生是否感到满足，鼓励<br>12. 通过负强化，学生是否能够巩固知识<br>13. 学生在教师进行强化后，是否立即引起注意 | 0.09 | |
| 教师教学 (30 分) | 环节 | 14. 教师选择哪种强化方式，效果如何：（1）语言强化(口头;书面);(2)动作强化(微笑;手势;沉默;点头,摇头;目视);(3)标志强化；（4）活动强化；（5）即时强化；（6）延时强化<br>15. 强化方式是否符合学生年龄特点、认知水平<br>16. 强化是否以正强化为主 | 0.1 | |
| | 呈示 | 17. 教师强化是否自然得体、中肯适度、富于亲切感<br>18. 教师是否善于控制自我感情，一视同仁，耐心热情 | 0.06 | |
| | 对话 | 19. 教师是否通过强化向学生提供线索，帮助完善认知 | 0.03 | |
| | 指导 | 20. 采用何种辅助教学媒体指导学生自主、合作、探究学习（挂图、模型、音频、视频、PPT 等），效果如何 | 0.03 | |
| | 机智 | 21. 教师是否根据学生行为选择恰当的强化方式<br>22. 教师能否根据实际情况对学生适时地进行强化 | 0.08 | |
| 课程性质 (20 分) | 目标 | 23. 教学目标是否适合学生水平<br>24. 课堂有无新的目标生成 | 0.05 | |
| | 内容 | 25. 教学内容是否凸显学科特点、核心技能及逻辑关系<br>26. 容量是否适合全体学生 | 0.05 | |
| | 实施 | 27. 教师是否关注学习方法的指导 | 0.02 | |
| | 评价 | 28. 教师如何获取评价信息（回答、作业、表情）<br>29. 教师对评价信息是否解释、反馈、改进 | 0.06 | |
| | 资源 | 30. 预设的教学资源是否全部使用 | 0.02 | |

续表9-1

| 一级指标 | 二级指标 | 三 级 指 标 | 权重 | 得分 |
|---|---|---|---|---|
| 课堂文化<br>（20分） | 思考 | 31. 全班学生是否都在思考<br>32. 思考时间是否合适 | 0.05 | |
| | 民主 | 33. 课堂氛围良好，文化气息浓厚，师生互动及时<br>34. 课堂上学生情绪是否高涨 | 0.06 | |
| | 创新 | 35. 教室整洁，座位布置合理，与尽可能多的学生互动交流 | 0.03 | |
| | 关爱 | 36. 师生、生生交流平等，尊重学生人格 | 0.03 | |
| | 特质 | 37. 哪种师生关系：评定、和谐、民主，效果如何 | 0.03 | |

## 二、强化技能微格教学案例

课题：化学式与化合价（九年级上册第四章第四节第一课时）

训练者：汪婷　　　　　时间：10min　　　　　成绩：　86　

教学目标：1. 掌握化学式的概念及表示方法；

　　　　　2. 学会简单计算未知元素的化合价。

| 时间 | 教 师 行 为 | 学 生 行 为 | 技能要素 |
|---|---|---|---|
| 2min | 【导入】同学们，上节课已经学习了化合价，但老师在作业中发现了这么一个问题：CaCl、CaCl₂。究竟哪一个正确呢？为了解决这个问题我们来学习——化合价 | 反思回忆，产生疑惑 | 运用延迟强化的方法。引发思考，引入课题 |
| 4min | 【讲解】首先我们来学习化合价的概念。强调化合物，那在单质中会有化合价吗？对。学习了化合价，如何表示化合价呢？<br>【讲解】例如：氯化钠。表示钠元素的化合价时，上方用＋1；表示氯元素的化合价时，上方用-1 | 师生一起写出化合价的概念，理解并体会化合价的概念，不断内化 | 通过讲解使学生理解化合价的概念，并用符号强化让学生领悟重点 |
| 5min | 【讲解】我们已经学习过很多元素，这些元素又会组成不同的化合物，表现出不同的化合价，我们怎么记忆这么多的化合价呢？大家请看挂图，这张挂图总结了我们目前学习过的常见元素的化合价，大家来朗读一下 | 教师提问让学生感到不安，质疑如何记忆化合价 | 调动学生视觉，促进学生主动参与教学过程，加深学生印象 |

续表

| 时间 | 教 师 行 为 | 学生行为 | 技能要素 |
|---|---|---|---|
| 7min | 【讲解】我们已经学习了有关元素化合价的知识，对于刚才的问题还没有解决对不对？下面一起来学习化合价的"五大规律"。<br>（1）金属元素与非金属元素化合时，金属元素通常显正价，非金属元素通常显负价。以氯化钠为例，氯化钠中钠是金属元素显正价，氯是非金属元素显负价。<br>（2）在化合物里，氢通常显 +1 价，氧通常显 −2 价。大家注意，"常"指大多数情况。<br>（3）单质化合价为零。氢气、氧气、钠都是我们学过的单质。化合价都为零。<br>（4）在任何化合物里，正负化合价代数和为零。以氯化钠为例，在氯化钠中钠正一价，氯负一价，化合价之和为零。我们再看氯化钙的化学式到底哪个是正确的呢？我们一起来分析一下，钙显 +2 价，氯显 −1 价，根据第四条规律，$CaCl_2$ 正确 | 主动参与教学过程，认真思考，集中精神听讲。<br><br>师生互动，学生通过练习，巩固知识，有效解决质疑，促进知识的达成 | 使用语言强化概念，引导学生思考问题，激起解惑动机，引入化合价的五大规律。概况重点知识，加深学生印象。<br><br>做出判断，表明态度，目光赞许，语言肯定 |
| 10min | 【练习】下面一起来看一个例子：FeO、$Fe_2O_3$ 中铁的化合价是否是一样的呢？我们设氧化亚铁中铁为 $x$，三氧化二铁中铁的化合价为 $y$，下面请同学上来计算 $x$ 和 $y$ 是多少。其他同学在下面计算。大部分同学已经计算完了，同学们看看他们计算得对确么？我们经过分析已经看出 FeO 中的铁是 +2 价，$Fe_2O_3$ 中铁是 +3 价。<br>【归纳】那我们可以总结出第五大规律 | 继续练习，积极配合教师教学，充分理解化合价代数和为零这一知识点 | 采用语言强化，达到表扬个别，带动全体的教学效果，促进学生主动参与 |

### 三、强化技能教学案例评价

强化的主要功能就是按照人的心理过程和行为的规律，对人的行为予以导向，并加以规范、修正、限制和改造。它对人的行为的影响，是通过行为的后果反馈给行为主体这种间接方式来实现的。常用的教学强化方式还有许多，例如：让学生听写、朗读、查阅资料、阅读等，不同的强化方式其作用也不同。教师应根据教学目标和教学内容选择合适的强化方式，有时只需其中一种强化方式，就能起到很好的效果，有时却需将几种强化方式合理搭配使用才能收到较好的效果。下面将从四个方面对汪老师的强化教学片断进行分析、评价。

（一）学生学习维度

（1）准备。学生通过作业练习原子个数比的相关内容，为所学内容做好准备，通过错误巩固知识。适当而优质的作业有助于学生巩固、深化所学知识，有利于开发学生智力和创造才能，是课堂教学的延伸和升华，是反映学生学习态度和意志品质的尺码，也是教师改善教学的切入点。

（2）倾听。学生认真倾听教师授课，清楚明白化合价的相关知识，能复述教师讲课或其他同学的发言。倾听时，有辅助行为（记笔记、查阅资料、回应等）。倾听作为学生课堂学习的重要能力，自然影响着学生学习的主动性与积极性，最终影响课堂学习的效率。汪老师热情的教学影响着学生学习的动机，使学生自然专心倾听。

（3）互动。在课堂中学生思维活跃，能够积极思考，与老师产生共鸣、认同和默契。学生在教师进行强化后能够做出回应并引起注意。主要表现在：配合教师完成作业中的纠错；积极回答教师设计的问题；帮助其他同学达成知识等。形成师生互动和谐、生生互动积极的教学氛围，利于教学的顺利进行，大大节省了教学时间。

（4）自主。在学习过程中，学生对何种强化方式感兴趣对强化效果尤为重要。通过分析汪老师所使用的强化方式发现，学生对活动强化最为感兴趣，当汪老师叫同学上来做习题时，学生都能够积极举手参与并期待其他同学的习题答案。教师对不同答案进行对比讲解，让学生对化合价有了明确的理解，消除模糊的认识，有利于学生的自主学习。

（5）达成。学生在老师的引导下，从作业中存在的问题出发，逐渐对化合价的定义、实例、五大规律有清楚的认识；在氧化铁和氧化亚铁的练习中，总结出第五大规律。在知识的达成过程中，得到满足、鼓励，学习主观意识强烈。正负强化结合，有效加深了对化合价相关知识的理解。

（二）教师教学维度

（1）环节。语言强化：在教学过程中，汪老师多次运用语言强化，几乎都是直接语言强化。延时强化：汪老师在导入环节，设置悬念，让学生思考，促进学生主动参与到教学过程中，通过解开迷惑加深学生印象。标志强化：当两位同学在黑板上完成习题后，汪老师能够在正确答案上打红色对钩，给予学生肯定与鼓励。在进行强化时汪老师态度真诚情感友善，以正强化为主，促进学生正确行为的发展及师生之间的情感交流。

（2）呈示。汪老师在进行语言强化时，态度真诚富于亲切感，使学生在轻松的环境下学习知识。板书设计不合理，主板副板没有明显界限，副板设置学生练习，由于练习书写内容多，教师课前没有设想应对措施，使板书显得非常凌乱。教师善于控制自我感情，一视同仁，主要表现在能够及时评价学生回答，照顾到所有学生的反应。在对于氧化铁和氧化亚铁的练习评价时说"语气不足"，这样的评价不够客观、真实。

（3）对话。汪老师使用的强化技能符合学生的年龄特点，针对初中学生的认知心理特征，汪老师将直接语言强化贯穿于课堂的始终，对学生的行为给予直截了当的肯定与鼓励，从而增强学生的自信心。汪老师在上课过程中的语言过于口语化，不利于学生思维的严密性。通过有效的正强化、负强化向学生提供线索、方法，帮助完善认知。

（4）指导。汪老师在教学过程中对学生的反应做出迅速、准确的判断。使用媒体时，有不当的地方。在用第一张挂图时，汪老师让学生读完后便立即扯下挂图，而这张挂图涉及的知识点——有关元素化合价的口诀是本节课要学习的新知识，建议始终呈现在黑板上，和后面的"五大规律"对比记忆。通过出示小黑板总结第五大规律，这种媒体的变化效果不显著，建议将五大规律同时展示在挂图上。

（5）机智。在上课之前，教师能针对学生上一节课的作业情况给予即时评价，并设置悬念，引入新内容，运用新知识解开迷惑，给学生留深刻印象。在教学过程中，汪老师组织学生上黑板做题，并给予肯定和鼓励，激发了学生的学习动机，引发学生的学习兴趣。

（三）课程性质维度

教学内容选取得当，适合强化技能的应用，从学情上看知识容量过大。结合初三学生的认知水平，大多数学生会吃不消。在讲完化合价和常见化合价时，建议列举不同化合物分析化合价，加深理解后再进入"五大规律"的学习。

汪老师针对本堂课采用问题驱动的方式：通过学生上一节课作业中出现的问题分歧，引入本节课的新内容，给学生搭建由旧知识通向新知识的桥梁。

学生的反馈遍布整堂课，几乎所有学生都能够融入课堂，参与课堂，对于老师提出的问题，能够积极思考并立即做出回应；做习题时，学生都能够动起笔来。

整堂课教学资源的整合，汪老师使用了挂图、小黑板辅助教学，通过让学生读挂图，刺激学生多种感官。

（四）课堂文化维度

在课堂中学生能认真聆听老师的讲解。由于汪老师每提一个问题，给学生思考的时间都很少，同时问题一般都没有难度，所以学生每次回答问题都是未经深思的。汪老师在教学过程中目光分配到全班同学，在学生做习题时，教师通过巡视判断学生的做题情况。本堂课课堂氛围是比较活跃的，教师热情投入，学生积极回应，课堂氛围和谐融洽，充分体现了教为主导，学为主体的教学原则。

综上，教师通过强化向学生提供线索、方法，以书面作业出现的问题为导火线，引入新内容，并贯穿于整个课堂，帮助学生形成连贯的知识体系。汪老师根据实际情况对学生适时地使用强化技能。总的来说，汪老师灵活多变的运用强化技能，成功地完成了本节课的教学。汪老师的粉笔字写得很好，但板书设计不太美观，希望在以后的教学中，能够更加严谨，考虑得更加周全，教学设计要从整体同学的认知水平上考虑。

提示：强化目的要明确；
强化态度要诚恳；
强化时机要恰当；
强化方式要灵活；
强化反馈要结合。

# 第十章 试误技能

> 错误中往往孕育着比正确更丰富的发现和创造因素，发现的方法就是试错的方法。
>
> ——波普尔
>
> 因尝试而思考，因尝试而智慧，因尝试而创新，因尝试而走向成功。
>
> ——柳斌

**学习目标：**

**知识：** 了解试误技能的概念、功能，了解提供反馈信息、推动尝试成功、利用错误知识、设计迷惑问题等类型；

**领会：** 理解试误技能的推动尝试、适时纠错、确切评价、设置"陷阱"等构成要素和应用要点；

**应用：** 选取中学教材一节内容，编写规范的试误技能教学设计，并反复练讲；

**评价：** 根据学生学习、教师教学、课堂文化、课程性质四个维度，熟练运用试误技能课堂观察量表进行试误技能训练案例评析。

# 第一节 试误技能概述

试误技能是指教师修正学习者的错误，推动尝试的一类行为方式。在教学的过程中，教师允许学生错误的存在，鼓励学生不怕犯错误，学生按照自己的想法去尝试，经过尝试后，发现错误，教师指出具体节点的失误，引导学生回到正确的思维轨道上，最终得到正确结果。

试误技能一词源于美国心理学家桑代克（E. L. Thorndike）的试误理论。他认为：动物在每次尝试的过程中，都会建立起一种"刺激—反应"联系，能够导致成功的反应被保留，无效的反应被排除。动物学习是从尝试的过程中挑选导致成功的刺激反应，而人解决问题的过程也是一种"尝试——错误"过程，是长期探索的认知过程。在这一过程中，正确的方法是通过反复多次试误的方式获得的。教师在指导学生掌握知识的过程中，适当、巧妙、有意识地选取典型事例引导学生尝试错误，激发学生的学习热情，保持学习兴趣，引导主动学习。

试误技能是微格教学中一种高层次、生动和行之有效的技能，适应新课程教学倡导的"教为主导，学为主体"的教学理念，大胆鼓励学生积极参与课堂学习。教学中有意识地引导学生尝试错误，让学生吸取失败的教训，促使学生积极参与知识的形成过程，帮助学生多角度、全方位地思考问题，形成良好的学习习惯，提高思维的灵活性和准确性。

# 第二节 试误技能的功能

新课程要求教师改进传统的教学策略和教学模式，倡导学生积极、主动、快乐地学习。运用试误技能有以下四点功能：

（1）适时设疑，鼓励学生大胆探索。教师依据教材内容，抓住学生好奇心强的心理特点，精心设疑，使学生处于一种"心求通而未达，口欲言而未能"的不平衡状态，引起学生的探索欲望。运用试误的方式，鼓励学生不怕犯错误，引导学生尝试错误，大胆探索，发挥学生的聪明才智，发展学生个性、特长。教师的鼓励，给予学生足够的信心和勇气，激励学生敢于发表看法和观点，促使学生大胆突破。

（2）及时纠错，帮助学生深刻理解。在学习过程中，学生出现错误是不可避免的，要求教师在教学过程中，及时纠正学生的错误，并加以改正，促使学生在学习上不断进步。教师在错误中能够获得学生对知识的掌握程度，及时分析错误原因，并利用错误使学生更加准确、深刻地理解知识。例如，在学习酸碱滴定时，教师发现个别学生滴定过程中眼睛注视滴定管的刻度，而不是观察锥形瓶颜色变化，教师及时纠正错误，使得学生深刻掌握滴定的操作技能。

（3）拓展思路，促使学生大胆突破。学生在学习的过程中，由于长期受"类型＋技巧"的影响，形成很强的思维定式，思考问题想法单一，创新意识薄弱。教师在教学的过程中利用错误，巧设陷阱等多种努力和尝试，帮助学生打破思维定势，开阔创新思维，培养探究能力。

（4）恰当评价，培养学生健康心理。学生面对阻碍、挫折和挑战，表现出来的态度，对学生能否适应社会有着极其深远的影响，试误技能对学生的这种能力培养是很有益的。教师在试误的过程中，积极的鼓励、适时的纠错、中肯的评语、耐心的指导有助于培养学生的健康心理，帮助学生大胆创新，鼓励学生敢于面对失败，增强学生敏捷的应变能力。

教师运用试误技能，帮助学生分析产生错误的原因，使学生快速走出误区，逐渐加强学习的主动性。教师推动学生不断尝试，鼓励学生积极探索，使学生在尝试错误的过程中减少出错频率，直至避免和杜绝错误。学生在发现错误、修正错误的过程中，获得知识的同时，体验了成功的愉悦，增强了学习的信心。

## 第三节　试误技能的构成要素

试误技能是调控教学过程的重要技能，一般包括推动尝试、适时纠错、设置"陷阱"、确切评价四个要素。

（1）推动尝试。当学生遇到问题要打算放弃的时候，教师应及时地了解学生的瓶颈之处，帮助学生找到原因。给予必要的指导和提示引导学生转换角度，继续从另外的方面进行尝试，鼓励学生继续尝试，树立自信心，增加探索的兴趣，并告诉学生继续探索一定会有意想不到的收获。例如，学习铜与稀硝酸反应，教师让学生书写铜与稀硝酸的反应方程式，大部分同学写出产物是 $H_2$，教师演示实验，学生观察到有红棕色气体产生，学生意识到产物不是 $H_2$，教师引导学生思考稀硝酸的强氧化性，从氧化还原反应的角度思考，最终学生获得正确的知识。

（2）适时纠错。纠正错误，都应力求准确适时，要一次性消除学生错误记忆，建立正确的永久性记忆。如果教师的纠正模棱两可，最终没有给出准确答案，学生便会无所适从，对知识更加模糊；如果纠正不适时，便会造成对"正确"印象不深，或对"错误"念念不忘。例如，在做练习时，当学生认为 pH = 7 的溶液是中性溶液，教师应立即纠正错误，强调中性溶液是 $c(H^+) = c(OH^-)$，在常温下，中性溶液是 pH = 7。

（3）设置"陷阱"。巧设"陷阱"强化学生的学习。设置"陷阱"，让学生产生迷惑，再引导学生顺利跳出陷阱，拨开迷雾，达到强化学习知识的目的，使学生意识到知识掌握得不够牢固全面。如果设置不当，则有可能使学生陷入困境而不能自拔。教师在选择陷阱、设计迷惑时，一定要分析学生特点，设想可能会出现的情况，如何快速有效地帮助学生跳出陷阱，达到教学目标。

（4）确切评价。教师的评语对学生的学习行为起到强化的作用。学生往往因害怕出错而不敢尝试，教师的评语如润滑剂一般，让学生心生温暖，直视错误，敢于尝试。教师选择评价语的时候也要注意，确切生动的评语使学生受到鼓励，知错改错；讽刺挖苦的评语切不可使用；"努力赞扬"（夸奖学生努力）可能比"智力赞扬"（夸奖学生聪明）更能激发学生的学习积极性。教师应根据学生性别、年龄、性格、成绩等个体差异，给予合适的评语。

# 第四节 试误技能的类型

在教学活动中，教师是学习的组织者、引导者和合作者。教师应积极运用试误教学，选择合适的试误类型，从而帮助学生有效获取知识。试误技能主要有以下五种类型。

## 一、提供反馈信息

通过寻求和提供反馈，不断改善教学，促使学生有效地获取知识。在课堂教学过程中，反馈包含两方面：一方面，教师从学生那里寻求反馈，来进行自我诊断，从而调整教学方式，为教师加强教学的目标性和有效性，减少盲目性和随意性提供可靠的依据。另一方面，教师向学生提供反馈，强化正确知识，修正错误观点，确定信息完善的方向，最大限度地减少失误。当学生在学习尝试中出现错误或进行不完全尝试时，教师要善于及时发现错误，针对学生错误的明显程度以及大小做出合理的措施。对于知识应用方面的问题，教师最好是通过判断题和学生不重视的题目，对学生进行诊断，既帮助学生认识到自己掌握的知识不够全面，又及时改正学生的错误理解。教师可以针对学生容易出错的问题设计题目；或出一些具有迷惑性的问题；或把错因相似的问题置于同一命题中，找出学生出错的症结所在，寻求反馈信息，以修正错误。

不仅要在学生出错时进行反馈，还应时常让学生了解学习结果，知道学习进度，发现存在的不足。例如，及时批改作业，及时发给学生，及时纠正错误，及时巩固知识，使学生及时获取信息，得到反馈，提高学习积极性。

---

**案例：**　　　　　　　　　　**以问获馈**

教师在讲解实验室灭火之后，提问：实验室失火后如何灭火？同学会不假思索地回答：使用泡沫灭火器，用水灭火。这时，可以紧接着提问：（1）金属钠、钾可以用水吗？（2）请同学们写出镁带在二氧化碳气氛中剧烈燃烧的方程式，如果镁条着火，能用泡沫灭火器吗？（3）有机物燃烧可用泡沫灭火器吗？

教师通过学生的回答情况获得学生对实验室灭火方法的掌握情况，通过方程式书写，使学生巩固以前所学的知识，又可以在和学生回顾以前所学知识的过程中，检验学生的知识掌握程度。教师获得反馈信息，及时调整教学方法，使学生巩固所学知识。

---

## 二、推动尝试成功

推动尝试是指学生在初次尝试不成功时，教师给予及时的帮助。在教师的帮助下，学生获得鼓励和指导，进一步尝试，从而掌握正确的知识与技能。教师作为课堂教学的主导者，在教学的过程中，要善于运用多种方法推动学生不断尝试，给予更多学生参与尝试的机会，鼓励所有学生都积极地参与到课堂的互动中来。对学生在尝试过程中的行为要给予正确的指导和评价，对学生的尝试结果给予及时的肯定和支持。让学生在一次次的尝试过程中树立尝试的信心，收获知识尝试的体验。

---

**案例：**　　　　　　　　　　**以试促学**

学生在初次做酸碱滴定实验时，快到滴定终点时，往往过于紧张，把握不住，常常无从下手，两只手不知道如何配合，结果因心慌而手抖动，滴定过终点。教师不应就失误而横加指责，诸如，"手怎么这么笨！""滴那么快干嘛"等，而应鼓励学生"不要慌张""左手握住活塞，右手手腕摇动锥形瓶""慢一点""一滴一滴地加""接近终点时要注意半滴的滴入方法"等。

学生在学习过程中，遇到无从下手，不敢尝试的情况非常多，尤其在做实验时，很容易手忙脚乱。案例中教师通过语言提示，帮助学生明确操作方法，推动学生敢于尝试。教师语言上的鼓励，不至于挫伤学生的积极性，鼓励学生进一步尝试，从而正确地掌握滴定操作技能，也让学生慌乱的情绪稳定下来，通过反复的练习推动学生敢于尝试，步步前进，最终获得知识。

---

## 三、利用错误知识

教师在课堂提问、作业检测、实验操作中，都可以发现学生的错误。教师可因势利导，准确寻找出学生出现错误的诱因，做出改正，以免错误信息转化为永久性记忆。学生在学习过程中，会暴露出很多错误知识。一个学生出现的错误，可能是大部分学生将来都有可能会出现的错误，教师应及时洞察学生的错误，及时纠错。利用错误是教师在教学过程中，最常使用的一种试误类型，也是一种非常行之有效的帮助学生改正错误的手段。

---

**案例：**　　　　　　　　　　　**以错为鉴**

教师提出疑问："pH值相等的盐酸和醋酸溶液，与足量的锌反应，生成的氢气的量相同吗？"学生一般会错误地认为两者生成气体的量相同。教师明确指出学生的错误意识，说明两者生成的气体的量不同。之后解释原因：HCl是强电解质，$CH_3COOH$ 是弱电解质，pH值相等仅能说明溶液中 $H^+$ 的量相等，而醋酸的物质的量大于盐酸的物质的量，故生成更多量的氢气。有理有据，去除学生原有的错误认识，建立正确的认识。教师在此基础上，继续发问："相同浓度，等体积的盐酸和醋酸分别与足量的锌反应，生成的气体的量相同吗？"有了上一次的错误回答，学生更为谨慎，会根据教师刚才的讲解思路认真思考，从而得出结论：相同物质的量的盐酸和醋酸，生成气体的量相同。

学生在化学学习的过程中，很容易出现错误，教师千万不能因为学生犯错而呵斥学生，打击学生的好奇心理。案例中的教师能够很好地认识到这一点，及时地利用学生错误，让学生以错为鉴，引导学生思考，使学生错误转换为教学情境，获得知识。

---

### 四、设计迷惑问题

针对一些容易被学生混淆的化学概念、原理，或者化学物质性质，教师有目的地设置一些题目，在容易出错的环节设置陷阱，有意识地引导学生犯错，学生在不知不觉中进入陷阱，教师通过诱导让学生自己发现错误，最终突破陷阱，获得正确知识。学生在解答过程中会遇到挫折，部分学生易产生焦躁颓废情绪，以致失去耐心。因此，设置的迷惑性问题难度要适中，符合阶段学习内容，既有一定难度，又保持了学生的好奇心和求知欲。

---

**案例：**　　　　　　　　　　　**以惑促思**

在做金属钠的燃烧演示实验的时候，教师取出一小块钠，然后放到石棉网上，用酒精灯加热。实验后，教师提问："同学们观察到什么现象啊？"

生："金属钠剧烈燃烧，放出耀眼的光，并有大量的黑烟生成。"

师："怎么和书上的理论相矛盾了呢？是教科书错了么？还是实验操作上有问题啊？"

通过教师的引导，学生积极思考，找出问题的所在——问题出在把金属钠从煤油之中拿出后，没有用滤纸将金属钠上的煤油擦净，黑色的烟雾，是煤油不充分燃烧产生的干扰。

在这个例子里，教师实际上故意设计了一个迷惑，使学生通过经历迷惑而明白实验操作应该细致、准确的道理。至此，加强学生对金属钠的性质认识，通过上述实验操作，学生对金属钠的保存有更加深刻的印象，从而达到强化知识的目的。

### 五、学生自己纠错

在学习过程中，对于显而易见的错误，可以让学生自己去纠正。通过让学生相互批阅作业，发现其他同学作业中出现的错误，并纠正错误，这是一种非常好的学生之间相互促进学习的方式。对于大部分学生都会出现的问题，组织学生讨论，让学生发现错误，并进行改正。让学生发现错误的过程，是进一步探讨、学习知识的过程，让学生纠正错误，是进一步掌握和巩固知识的过程，对促进学习具有极其重要的作用。

**案例：** 　　　　　　　　　**自查自省**

教师在演示用排水法制取氧气的实验操作结束时，先熄灭酒精灯，再拿出导气管。教师边演示边说，我们的氧气制取就要大功告成了，哪知他话音刚落，水槽里的水直接都被吸入到大试管里，引得学生一阵喊叫。教师故作紧张，"这是怎么回事？水槽里面的水怎么到试管里了，快帮我找找错。"学生们经过讨论，发现原来老师没有按照"先移导管后撤酒精灯"的正确方式操作，发生了倒吸现象。

针对教学内容的重难点或学生易出现错误的地方，教师模仿学生错误的思维方式，使正确与错误在学生头脑中激烈交锋，最终获得正确知识。学生经历过错误操作带来的危害，加深学生对正确操作的印象，师生争论的过程既是学生纠错和论证的过程，同时又是学生获取知识的过程。

## 第五节　试误技能的应用要点

为使"试误"在教学中发挥有效的作用，教师在运用时，还要在精、巧、适、导和及时几个字上多下工夫，充分把握试误技能的应用要点，达到良好的课堂教学效果。

（1）精选内容。教师在利用"试误"进行教学时，应根据以往的教学经验、教学需求、课程标准精心选择具有代表性的内容加以运用，力求做到少而精。切忌无目的地选择任意内容，以免失去"试误"的教学价值。例如，学习有机物的命名之后，教师在学生的作业本上发现很多错误，部分是知识性错误，部分是由学生粗心造成的，教师对错误进行分类，选择大部分学生都出现的知识性错误，给予纠正，促使学生摒弃错误知识，深刻掌握正确的知识。

（2）以巧取胜。教师在引导学生进入"陷阱"过程中，方法要巧妙，应沿着以往学生在实际应用中出现的错误思路顺利地将其引入"陷阱"。学生由于知识掌握得不够牢固，很容易进入"陷阱"，教师再通过诱导学生，帮助学生意识到错误。通过此举成功地让学生亲身尝试到错误，给学生以强烈的刺激，从而在学生记忆中留下深刻的印象，达到使学生在今后的实际应用中不再重犯类似错误的目的。

（3）深浅适度。教师在引导学生"试误"的过程中，所设"陷阱"的深度要适当。不能太浅，太浅往往达不到预期的效果，起不到试误教学的真正目的，不能调动学生学习的积极性。也不能太深，要保证学生在掉入"陷阱"后，能根据自己已有的知识经验，运用所学知识，经过一番思考努力后，自己找出爬出"陷阱"的方法。学生爬出"陷阱"的过程，实际上已经在建构新的知识结构。倘若"陷阱"太深，学生在突破"陷阱"的过程中会受到很多的挫折和困难，学生自信心会受到打击。

（4）适时引导。教师在教学中故意设置"陷阱"的目的，不仅是为了让学生"吃一堑"，更重要的是要让学生"长一智"。这就要求教师在让学生尝试到错误之后，要及时引导学生改正错误，分析产生错误的原因，提出改正错误的方法，才能达到提高课堂教学效果的目的。在学生爬出陷阱的过程中，非常需要教师的帮助，教师适时的指导，温馨的提示都对学生有着很大的促进作用，学生获得指导和激励，会更加有信心。因此教师在试误教学过程中要善于给予学生及时的引导。

（5）及时鼓励。在试误教学中，学生总会遇到这样或那样的挫折，教师及时的鼓励和评价对学生继续尝试，敢于面对错误都有很大的推动作用。及时的鼓励，使学生在心理上获得荣誉需求，满足学生继续学习的内驱力，推动学生更加努力、更加刻苦地积极探索。

# 第六节　试误技能案例评价

## 一、试误技能课堂观察量表

试误技能课堂观察量表见表10-1。

### 表 10-1 试误技能课堂观察量表

| 一级指标 | 二级指标 | 三级指标 | 权重 | 得分 |
|---|---|---|---|---|
| 学生学习<br>（25分） | 准备 | 1. 学生课前是否准备用具（教科书、笔记本、学案）<br>2. 学生对新课是否进行预习 | 0.04 | |
| | 倾听 | 3. 学生是否认真倾听教师授课<br>4. 学生是否能复述教师讲课或其他同学的发言<br>5. 倾听时，学生是否有辅助行为（记笔记、查阅资料、回应等） | 0.06 | |
| | 互动 | 6. 学生能否积极回答教师提问，主动参与讨论<br>7. 学生认为教师的试误是否有必要<br>8. 学生是否有行为变化，与教师有共鸣、认同、默契 | 0.06 | |
| | 自主 | 9. 学生能否有序进行自主学习<br>10. 学生自主学习效果如何 | 0.04 | |
| | 达成 | 11. 学生是否接受教师的试误方式<br>12. 学生是否通过试误方式领会和理解知识 | 0.05 | |
| 教师教学<br>（35分） | 环节 | 13. 教师选择哪种试误技能的类型（（1）推动尝试；（2）利用错误；（3）设计迷惑；（4）让学生自己纠正错误），效果如何<br>14. 教师能否创设情境，引导学生进入教学课题<br>15. 教师能否把握正确的时机运用试误技能<br>16. 教师的试误是否有利于学生掌握知识 | 0.15 | |
| | 呈示 | 17. 教师运用试误技能是否自然、连贯<br>18. 教师运用试误方式是否多样 | 0.08 | |
| | 对话 | 19. 教师是否启发思维，培养能力，留下思考空间 | 0.03 | |
| | 指导 | 20. 采用何种辅助教学媒体指导学生自主、合作、探究学习（挂图、模型、音频、视频、PPT等），效果如何 | 0.03 | |
| | 机智 | 21. 教师处理突发事件是否得当<br>22. 呈现哪些非言语行为（表情、移动、体态语、沉默） | 0.06 | |
| 课程性质<br>（20分） | 目标 | 23. 目标是否适合学生水平<br>24. 课堂有无新的目标生成 | 0.05 | |
| | 内容 | 25. 教学内容是否凸显学科特点、核心技能及逻辑关系<br>26. 容量是否适合全体学生 | 0.05 | |
| | 实施 | 27. 教师是否关注学习方法的指导 | 0.02 | |
| | 评价 | 28. 如何获取评价信息（回答、作业、表情），效果如何<br>29. 教师对评价信息是否解释、反馈、改进 | 0.06 | |
| | 资源 | 30. 预设的教学资源是否全部使用 | 0.02 | |

续表10-1

| 一级指标 | 二级指标 | 三级指标 | 权重 | 得分 |
|---|---|---|---|---|
| 课堂文化<br>（20 分） | 思考 | 31. 全班学生是否都在思考<br>32. 思考时间是否合适 | 0.05 | |
| | 民主 | 33. 课堂氛围良好，文化气息浓厚，师生互动及时<br>34. 课堂上学生情绪是否高涨 | 0.06 | |
| | 创新 | 35. 教室整洁，座位布置合理，便于教师走下讲台，与尽可能多的学生互动交流 | 0.03 | |
| | 关爱 | 36. 师生、生生交流平等，尊重学生人格 | 0.03 | |
| | 特质 | 37. 哪种师生关系：评定、和谐、民主，效果如何 | 0.03 | |

## 二、试误技能教学设计案例

课题：电离方程式书写的复习（鲁科版高中化学必修一第二章第二节第一课时）

训练者：杨芳红　　　　时间：10min　　　　成绩：88

教学目标：1. 规范电离方程式的书写；

　　　　　2. 培养学生分析问题的能力。

| 时间 | 教 师 行 为 | 学 生 行 为 | 技能要素 |
|---|---|---|---|
| 1min | 【导入】同学们好！上一节课我们学习了电解质、非电解质、强弱电解质的概念及电离方程式的书写。从作业中可以看出，很多同学对电离方程式的书写掌握的不是很好。这部分知识对于以后非常重要，今天在学习新课之前来练习一下 | 回忆旧知识，思考电离方程式书写的相关知识 | 引入本课内容，引起学生注意，激发学生思考，加深印象 |
| 6min | 【提问】请三位同学到黑板上书写 $H_2SO_4$、$H_2CO_3$、$NH_3 \cdot H_2O$ 的电离方程式。<br>【分析】好，我们一起来检查一下写的是否正确。（1）硫酸。电离出来的阴阳离子正确吗？同学们想一下配平应符合什么原则？对，配平应符合电荷守恒以及原子守恒。由于硫酸是强电解质，电离方程式用等号连接。（2）碳酸。碳酸是强电解质还是弱电解质？对，碳酸是多元弱电解质，分步电离。第一步生成 $HCO_3^-$ 和 $H^+$。第二步生成 $H^+$ 和 $CO_3^{2-}$。弱电解质电离用可逆号连接。（3）$NH_3 \cdot H_2O$。我觉得中间用等号连接，你们认为呢？看来是老师错了，它是弱电解质用可逆符号连接 | 学生书写电离方程式。<br>【回答】电荷守恒、原子守恒；弱电解质；用可逆 号，$NH_3 \cdot H_2O$ 是弱电解质 | 在学生易出错、迷惑的地方设置陷阱，了解学生的掌握情况。巩固练习，了解学生的掌握情况，教师故意出错让学生纠正，检验学生的掌握程度 |

续表

| 时间 | 教师行为 | 学生行为 | 技能要素 |
|---|---|---|---|
| 10min | 【总结】电离方程式的书写步骤及注意事项<br>【板书】1. 写出阴阳离子。2. 符合电荷、原子守恒。3. 强电解质等号，弱电解质用可逆号。4. 多元弱电解质分步电离，多元强电解质一步电离。<br>【总结】通过以上练习，同学们很好地掌握了电离方程式的书写，希望大家熟练应用 | 【记笔记】<br>巩固知识，<br>升华提高，<br>加深印象。 | 归纳总结，<br>强调重点，<br>加深记忆 |

### 三、试误技能教学案例评价

错误是学生在学习过程中自然存在的现象，也是不可避免的，在课堂教学中企图让学生完全避免错误是不可能的。在某些情况下需要有意识地让学生专门进行"尝试错误"的活动，这样，一方面可充分暴露学生思维的薄弱环节，有利于对症下药；另一方面，错误是正确的先导，有时错误比正确更具有教育价值。教师的责任就在于利用学生所犯错误来促进他们对知识和规律的理解，增强防止错误的免疫力。下面将从四个方面对杨老师的试误教学片断进行分析、评价。

（一）学生学习维度

（1）准备。学生能对老师和同学提出的观点大胆质疑，提出自己独到的见解，可见学生进行了仔细认真的预习工作。教师在教学过程中可要求学生做好预习环节，主要包括：初步理解新教材的基本内容和思路；复习、巩固有关的旧知识；找出新教材中自己不理解的问题。只有老师充分准备，学生积极参与，课堂才能真正达到高效实用。

（2）倾听。学生认真倾听，对老师的问题给予及时思考，体现了学生学习浓厚的兴趣。学生能从头到尾听完整、仔细听老师讲解和同学发言。听的时候还要把别人的观点与自己的想法进行比较，提出自己的观点或表明不同的看法。教师要教育学生一定要虚心听取别人的想法，这样才能产生思维的碰撞，激发灵感。

（3）互动。学生在教师讲课时注意力集中，积极参与教学活动。师生互动不仅仅是一句口号，只有思想上的深刻认识才能使实践更为出色，因此师生互动要时时刻刻贯彻于实践当中，丝毫不能懈怠。让学生参与课堂教学中"教"的活动，激发学生主动探究，让教学活动"动"起来，师生相互补充。

（4）自主。学生在学习过程中选择自己所需信息，通过思考形成自己的见解，并完整阐述自己的观点。建议教师在教学过程中，鼓励学生大胆猜测、质疑问难、发表不同的意见，在激励学生自主探索的过程中，教师要充分体现教学民主，在课堂上始终以教学活动组织者的身份出现，为学生提供自我探索、自我创造、自我表现和自我实现的空间。

（5）达成。学生通过积极思考，发掘问题的本质，应用已经掌握的知识与技能，做到举一反三，活学活用。学生能反思自己的学习行为，积极投入到课堂教学中去，学习效果有所提升。

（二）教师教学维度

（1）环节。在教师教学维度中，从课堂教学时间分配方面来看，杨老师录制本次课程教学用时共9.27s，其中6min左右用来巩固练习，3min左右用来总结回顾。从时间安排上看，用时严谨分配合理。在真实教学中，若10min都用于复习旧知识，剩下的时间不够讲解新课，建议这部分知识直接改为习题课，增加练习的力度，巩固离子反应方程式的书写。

（2）呈示。杨老师在本次教学过程中，由于紧张的原因，动作拘谨、不太自然。杨老师讲解过程中，思路清晰，结构分明，切合主题，言语简洁，节奏适中。杨老师的板书以主、副板的方式呈现，但是字迹有些潦草，字体大小不一。这部分内容是课前的复习内容，建议书写标题，方便学生知道复习内容，等讲新课时全部擦去即可。

（3）对话。教师在总结环节没有面向全体学生。杨老师设疑提问，与学生的反思有机地结合，主动向学生承认错误，更好地完成教学目标，使师生和谐学习共同发展。教师组织学生活动，针对学生存在的问题，做好答疑解惑与总结提升工作。杨老师通过学生练习的方式，让学生去经历、去感悟，在教学过程中迸发出教师"智慧的火花"。

（4）指导。杨老师本次教学讲解没有其他辅助设备，单独地借用板书。杨老师在向学生布置任务时，任务布置不明显，发出的指令不清楚。教师在学生自主学习的基础上，遵循问题解决的一般过程，采取展示交流、集中答疑、知识整合的方式。杨老师充分发挥教师主导作用，把学生置于教学的出发点和核心地位，达成与学生和谐交往、积极互动的课堂氛围。

（5）机智。杨老师角色转化明显，但在教学过程出现了笑场的突发状况。在教学中出现突发事件时，建议师范生做到：首先，要有正确的态度。其次，要冷静地观察分析，作出正确的判断。再次，要根据事件的性质，机智果断及时地做出处理决定和应变措施。

（三）课程性质维度

杨老师教学环节构成分为习题巩固和知识巩固，两个环节均围绕教学目标展开，设计合理。在习题巩固阶段，教师设置了三个物质的电离方程式的书写，虽具代表性但是练习的数量不够，不能达到掌握全部知识的目的。在知识巩固方面，建议先回顾相关知识点再进行练习，让学生做好知识的准备，在此基础上展开运用，教学效果会更好。

杨老师运用了"寻找和提供反馈""设计迷惑""让学生自己纠正错误"等技能类型。教学中教师要及时捕捉有利教育时机，变错误为促进学生主动发展的有效资源，让学生在修正错误的过程中开启智慧，迈入知识的殿堂。

杨老师在讲课过程中评价学生回答问题时，评语得当，既不夸大也不打击学生积极性，及时地给予学生赞许、鼓励。

（四）课堂文化维度

首先是纠错准确适当。对学生书写不正确的或不完全的答案，杨老师引导学生自己纠正错误或请其他同学做出正确的答案。

"迷惑"适当。杨老师在讲解"一水合氨"的电离方程式的时候，设计陷阱，迷惑学生，让学生更清楚地认识错误，强化学生的学习。

评语确切、生动。杨老师讲课过程中评价学生回答时评语得当，没有偏激的用词，不带个人主义，对回答正确的学生给予掌声鼓励，对回答错的学生及时给予纠正。

综上，不要一味地追求"平平淡淡才是真"，在面向学生进行知识总结的时候，多使用其他媒介，既能节省时间，还能吸引学生眼球，也不会导致学生只能"用心感受背影"。杨老师在设计练习时，练习题目的结构和层次不够明显，没有达到教学目标，建议杨老师拔高层次，达到强化知识的教学目的。

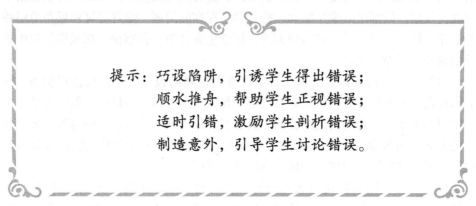

提示：巧设陷阱，引诱学生得出错误；
　　　顺水推舟，帮助学生正视错误；
　　　适时引错，激励学生剖析错误；
　　　制造意外，引导学生讨论错误。

# 第十一章 课堂教学中的语言技能

> 教师的语言是一种什么也代替不了的影响学生心灵的工具。
>
> 教师高度的语言修养，在极大程度上决定着学生在课堂上脑力劳动的效率。
>
> ——苏霍姆林斯基《给教师的建议》

**学习目标：**

**知识：** 了解课堂语言技能的概念、功能，了解讲述语、启发语、指令语、评价语、应变语等类型；

**领会：** 理解课堂语言技能的教学口语技能要素、体态语言技能要素等构成要素和应用要点；

**应用：** 选取中学教材一节内容，编写规范的语言技能教学设计，并反复练讲；

**评价：** 根据学生学习、教师教学、课堂文化、课程性质四个维度，熟练运用课堂语言技能课堂观察量表进行语言技能训练案例评析。

# 第一节　教学语言技能概述

　　语言表达技能是指教师在教学信息交流过程中，运用语言传播知识，指导学生学习的一类教学行为。教师运用语言向学生传输知识、引导思维、进行情感交流。教师的语言主要包括口头语言和体态语言（肢体语言、表情语言和服饰语言），其中口头语言是声化语言，占主导地位，是化学教学活动最基本的行为技能。

　　在教师的各种教学行为中，语言是核心，表情和动作多是配合语言而出现的。现代教学中知识信息的传输形式是多方面的，包括讲解、演示、引导和指导等。经常向学生发出读、议、练的各种指令，让学生积极参与，对学生的各种行为，不断强化，都要靠教师运用准确、熟练、生动、亲切、恰当的课堂教学语言来实现。学生通过听、说、读、写、看、思、做等学习行为，获得化学知识，发展智能，如图 11-1 所示。

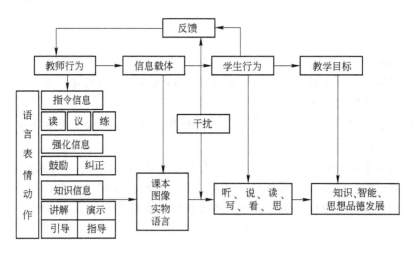

图 11-1　中学化学课堂教学过程

　　教学过程是学生对世界的特殊认识过程，也是学生发展的过程。在实际教学过程中，教师必须将教材内容按照学生的认识规律加以组织和改造，并且用准确生动、富于启发性的语言表达出来，以便于学生的理解和接受，因此，教师的教学语言技能水平是影响学生的学习水平和学习能力的重要因素，是实现教学目标的关键。

# 第二节　教学语言的功能

　　教师掌握语言技能是完成教育、教学任务的基本条件，教师运用教学语言技能的质量和水平直接影响教育教学效果。教师教学语言和其他语言相比较，有以下四个功能：

（1）示范功能。化学术语是化学学科所独有的、国际通用的语言。在教学中，必须用本学科的专业术语进行讲授、指导学生学习。教师的语言对学生有示范作用，因此，必须具有科学性和规范性。教师用精炼的化学语言表述实验现象，讲述反应原理，进行逻辑推理，才能使学生掌握规范的化学术语，避免在使用过程中出现错误。

例如，在讲解气态、液态、固态物质之间的反应时，分别用"通入""滴入""加入"等词；容器里所盛气体过满后会"逸出"，液体过满后会"溢出"；反应条件中，"点燃""加热""高温"的区别等；初中化学里在说明物质的组成和结构时，常用组成、构成等词，"组成"和"构成"两词的使用范围不同，常分别用于宏观和微观上。

（2）教育功能。在以教师为主导，学生为主体的课堂教学中，教师的语言贯穿于全部教学活动，是所有教学环节的载体，在引导学生获取基础知识的同时，促进学生智能的发展。教师用简单明了、积极向上的语言把复杂抽象的概念原理讲得生动形象，易于理解记忆，激起学生的求知欲，可以进一步启发学生运用知识进行再创造，使学生始终处于积极思考和探索的状态。

例如教师在讲解氯气的物理性质时，教师可以通过以下语言进行描述，起到教育功能：氯气熔沸点相对较高，氯气易液化。氯气是一种有毒气体，有很强的刺激性，吸入少量就会使鼻和喉的黏膜受到刺激，并引起胸痛和咳嗽，吸入过量氯气会使人窒息，甚至死亡。因此，闻氯气时要特别小心，只能用手轻轻扇动，使少量气体飘进鼻孔。

（3）艺术功能。化学课堂教学的语言艺术体现在它不仅符合语言的一般规律，合乎逻辑与语法，而且要讲究语言表达技巧。教师语言的艺术性能让学生在一种和谐自然的氛围中接受教育。教学语言是教师在课堂上进行信息传递的工具和媒体，科学且艺术的教学语言能够有效地保证教学信息在传递过程中发挥最佳的效果。例如金属活动性顺序表记忆：借（钾）给（钙）那（钠）美（镁）女（铝），锌铁锡千（铅）斤（氢），铜汞银白（铂）斤（金）。（真大方啊！）再如老者生来脾气躁，每逢喝水必高烧，高寿虽已九十八，性情依然不可交。（打一化学物质）——浓硫酸。组成个半圆，点火冒蓝烟。追捕无踪影，杀人不见血。（打一物质）——一氧化碳。

（4）情感功能。教学语言的情感性是对教学内容以及对学生态度的自然流露。教师根据不同的教学内容，声音要有抑扬顿挫的变化。讲到重点、难点处声音要庄重深沉，增强语势，放慢语速，还可以适当进行重复，加深学生的印象。教师通过富有感情的语言对学生的情感态度价值观进行正确地树立和培养，充分发挥教学语言的情感功能。

例如：在讲述硫的转化关系、氮循环、二氧化碳的性质等章节内容时，可结合雾霾等日常环境问题，进行情感教育，树立学生的低碳环保意识。又如，在讲述侯德榜制碱法时，可适当结合侯先生的人生经历，让学生学习到科学家的高贵品德。

## 第三节 教学语言的构成要素

课堂教学的艺术，就是教师综合应用口语和体态语言的艺术。一堂优质课的完成，需要教师紧紧围绕教学内容展开，不能出现科学性和知识性错误，整体把握教学口语的构成要素，根据教学环节灵活调整语言进度。教师只有掌握教学语言表达的技巧，不断锤炼教学语言，才能使教学水平不断提升。

### 一、教学口语技能要素

口语表达的目的是输送和交流信息，因此教师的教学语言应该准确科学，符合逻辑，遵循语法，通俗流畅。教学口语技能具体包括以下五个要素：

（1）语音。教师发音要规范、吐字清楚、字正腔圆。方言是教学信息交流的极大障碍，教师应说标准的普通话。吐字不清或带有很重的方言，必然会对教学信息的传递造成一定影响，甚至造成误解。

（2）音量。教师讲课的语音要轻重相间。当讲解重点或学生注意力不集中时，教师语言速度要放慢，语气加重，提高声调；当讲到非重点内容或学生情绪烦躁时，教师要及时变换声调、减轻语音，来调节课堂气氛。音量还要根据教室大小、学生人数、有无扩音设备来定，以坐在最后一排的学生能听清楚为宜。

（3）语气。语气要富于变幻，语调要抑扬顿挫。讲话时，不同的语气语调会给听讲的一方带来不同的情绪体验。富于变幻的语气语调，能调动学生的学习热情，使他们集中精力，随着教师的思路主动思考问题，从而提高学习效率。

（4）语速。教学口语的语速要适中，根据教学内容、教学进度、学生的理解接受能力等综合因素决定。易懂的地方或了解性知识可略快；发问、重点、难点和叙述概念时要慢，通常每分钟 200～250 字比较合适。教师语速太快，会导致学生听起课吃力，来不及思考就一掠而过，长期下去会产生消极情绪；教师语速太慢，会导致学生情绪松弛，产生催眠效果。

（5）语句。在课堂教学中教师语言应词汇丰富、语句流畅、科学规范、言简意赅。教师应能够准确地运用化学专业词汇语言进行讲解，将教材上的书面语言转换为生动形象的课堂口语。课堂语言机械重复会降低学生大脑皮层的兴奋程度，浪费课堂时间，使学生产生逆反心理，不利于学生对知识的掌握和理解。

**二、体态语言技能要素**

教师应善于运用自己的体态语言传递信息，表达情感，适应课堂气氛的需要。它主要包括以下四个要素：

（1）肢体。肢体语言主要包括手势和头姿。在课堂教学中，对学生表示肯定，请学生起身回答问题，吸引学生的注意力或是夸赞学生时经常会使用手势语，使学生大脑兴奋中心持续活跃，记忆力增强。当学生的回答正确时，老师可以点头表示正确；当学生的行为不恰当或不正确时，老师可以轻轻摇头，予以否定或制止。例如在讲解有机物中的化学键时，教师用肢体语言形象表示单键手拉手，双键既肩并肩又手拉手。

（2）表情。教师的表情是教师心理状况的直接体现，教师应做到眼神亲切、笑容可亲。在教学过程当中，目光接触可以表达教师对学生的期待、鼓励、唤醒、探寻、肯定、赞许等情感，也可以表达对学生的暗示、警告、批评或提示等。从目光的接触中教师还可以获得信息，了解学生的兴趣和理解程度。面带笑容的教师会给学生以和蔼可亲的感觉，并营造出舒适、宽松的课堂气氛。

（3）姿势。教师良好的姿态会让学生在学习的过程中获取知识的同时得到美的熏陶，有利于学生良好仪态行为的培养和形成。教师应当做到站姿正确、坐姿端庄、走姿精神。对于讲授为主的课堂教学，教师应该站在讲台中央，让学生感到老师的话是具有科学性的、权威性的；当需要分析提问时，教师站在学生中间，让学生感受到老师的和蔼可亲，这样能鼓励他们畅所欲言；在做氢、氧混合气体爆炸，金属钠与水反应等有危险性的实验时，教师站到学生身旁，会增加学生的安全感，提高他们做实验的信心。课堂上，教师适当地在学生面前走动，变换自己在教室中的不同位置，可以吸引学生的注意，调动学生的积极情绪。

（4）仪容。教师的仪容应该是干净、整洁、素雅，唯此才能教育学生以严肃认真、一丝不苟的态度对待科学。主要做到发型得体、面容得体、服饰得体。发型得体即头发要梳理整齐，不要过分追求时尚和标新立异。此外，教师最好不要佩戴过度夸张的饰物，比如奇特的耳环、叮当作响的项链等。

# 第四节 课堂口语讲授的基本类型

化学教师只有重视塑造自己的教学语言风格，才能提升教学效果，成为学生爱戴的老师。根据教学语言形式的不同，化学教学语言讲授的基本类型可以分为以下五种。

（1）讲述语。讲述语是课堂口语的主要类型，力求精练、娴熟、逻辑性强。它适用于化学基础课中的元素化合物、基本概念和基本理论、化学实验和化学计算等诸多领域的教学。运用阐释性讲述语言可以方便及时地向学生提出问题，指出解决问题的途径。教师运用讲述语应注意发音正确、吐字清晰、音量适中、语速恰当、语调顿挫、讲究节奏、词汇丰富、用词准确、富于条理、精练生动、情感丰富等。

---

**案例：** 　　　　　　　　　　**化学平衡**

　　在讲解化学平衡时可以用"逆""等""动""变""定""同"几个字进行讲述总结。其中"逆"指化学平衡研究的是"可逆反应"；"等"指反应达到化学平衡时"正逆反应速率相等"；"动"指化学平衡是一个"动态平衡"；"变"指"条件改变，平衡破坏"；"定"指"平衡浓度不随时间而变"；"同"指"等效平衡"。简单准确，便于学生的理解和记忆。

---

（2）启发语。启发性语言是指教师在教学过程中运用研究性、讨论性的语言进行教学活动的一种语言类型。在化学教学中，启发性语言既可以用于启发学生学习新知识，也可以用于学生巩固旧知识。

---

**案例：** 　　　　　　　　　　**喷泉实验原理**

教师讲解下面一道选择题：

下列组合中不可能形成喷泉的是：

A $HCl$ 和 $H_2O$　　B $O_2$ 和 $H_2O$　　C $NH_3$ 和 $H_2O$　　D $CO_2$ 和 $NaOH$ 溶液

教师启发学生反复讨论形成如下共识：喷泉关键是在"喷"，"喷"表明上下装置存在较大的压强差，如果压强差小了就难以形成喷泉，利用压强差的知识引导学生作出选择。

---

（3）指令语。指令性语言指教师在教学过程中说明某种问题的处理原则和方法的语言。指令性语言常见于课堂演示、布置作业、学生阅读教材、提问等。这种语句要求能引起学生的注意，语言清晰、明确，把学生要做的事情交代清楚。例如："请大家一起来看幻灯片展示""请大家完成某某页的作业""请同学们翻开书到第某某页，共同来阅读这段文字""请某某同学回答这个问题"等。

（4）评价语。课堂评价语是教学中对学生的课堂学习活动进行点评指导的语言。课堂教学中的评价要客观、有针对性，讲究正面鼓励，即使学生存在明显的错误，也要先肯定其好的一面，再给予建设性的改进意见，从而帮助学生树立学习信心。

---

**案例：** **pH 试纸和淀粉 KI 试纸的使用**

学生在一次实验中同时使用了 pH 试纸和淀粉 KI 试纸，有的同学在使用 pH 试纸时进行了湿润，而使用淀粉 KI 试纸时没有进行湿润，造成实验结果错误。实验结束后，教师进行评价："淀粉 KI 试纸使用时需要湿润，而 pH 试纸使用时不用湿润。同学们应该谨记操作要点，正确使用各类试纸。"

---

（5）应变语。应变语是教师在课堂上及时调节师生关系，调控教学进程和处理课堂突发事件时所运用的语言。应变语要求教师能够善于观察，捕捉"不可控"资源，修正自己的语言，调控课堂。运用调控应变语时，语调语速节奏上应保持轻松、自然和谐的基调。

---

**案例：** **二氧化碳制取**

学生自主活动为"制取一瓶二氧化碳"。汇报实验成果时，一位学生说可以用向上排空气法或排水法，并用排水法收集了一瓶二氧化碳气体。教科书和教学参考资料指出收集二氧化碳不能用排水法，应用向上排空气法，但是现场确实收集到。教师说："这位同学不唯书、不唯上，敢于质疑的科学创新精神值得表扬。到底二氧化碳能不能用排水法收集？这个问题提出的非常好，老师对这个问题了解也不是很深，我们共同设计实验探究二氧化碳的溶解性和溶解率对实验室收集二氧化碳有何影响这一课题。"（同学们兴趣浓厚）

---

## 第五节 教学语言技能应用要点

教学语言是一个复杂的动态教学流程，它的表达方式很多，主要有叙述、描述、解说、推导、评述等。在不同内容的教学环节中，教师运用教学语言的表达方式也不同，应用策略也有区分。现根据不同环节，对其应用要点做以下说明。

（1）导入语言要巧妙。导入语言是指教师上课开始时的一段时间，为了调动学生的学习兴趣而设置的一种语言情境。衔接新旧知识时，多用叙述性语言将事物的性质和事物间的联系清晰有序地叙述出来，注意条理清楚，语速从容，语调平实而富有起伏。运用故事式导入和情感式导入应多用描述性语言，绘声绘色地描述事物的发展经过，讲到柔美时如小桥流水，讲到激昂处如波涛汹涌，让人有身临其境的感觉。

（2）讲授语言要详细。讲授环节涉及的内容较多，不同内容的讲授方式也不同。概念、原理和实验操作讲解多用解说的方法，客观地把化学概念、原理实验操作具体步骤介绍给学生。解说要准确清晰、简明生动、吐字清晰，语速不宜过快。对于实验过程中出现的颜色、状态、气味、声音、光、热等现象，可以用描述式的语言，让学生有形象具体的认识。此外教师还经常运用已学过的知识推导未知事物的结构性质，这种口语表达方式我们称为推导式。推导式要求语言条理清楚、结构严谨、逻辑性强。

（3）演示语言要准确。进行演示实验时，教学语言既包括口头语言，又包括肢体动作。它要求教师一边给学生讲解实验操作步骤，一边进行规范的操作示范，同时指导学生仔细观察实验现象并积极进行思考。在实验演示过程中，教师的一言一行、一举一动，都要恰到好处，包括讲解实验的过程表述是否清晰，有条理，化学术语是否规范；化学实验操作时是否动作娴熟、规范。

（4）总结语言要精练。总结环节是指讲完一部分内容或课堂结束时，教师针对某种情景或知识发表见解，帮助学生归纳总结，提高认识，推动教学目的的教学步骤。总结环节经常采用评述式的语言。评述可以反映教师个人的态度和观念，会直接影响学生形成一些重要的观念，而学生进行评述可以发挥他们的主体参与性，加强对学生思维和表达能力的培养。

## 第六节　教学语言技能课堂观察评价量表

教学语言技能课堂观察评价量表见表 11-1。

**表 11-1　教学语言技能课堂观察评价量表**

| 一级指标 | 二级指标 | 三 级 指 标 | 权重 | 得分 |
|---|---|---|---|---|
| 学生学习<br>（20 分） | 准备 | 1. 学生课前是否准备用具（教科书、笔记本、学案）<br>2. 学生对新课是否进行预习 | 0.04 | |
| | 倾听 | 3. 学生是否认真倾听教师授课<br>4. 学生是否能复述教师讲课或其他同学的发言<br>5. 倾听时，学生是否有辅助行为（记笔记、查阅资料、回应等） | 0.06 | |
| | 互动 | 6. 学生能否积极回答教师提问，主动参与讨论<br>7. 教师讲课时，学生是否有学习性行为（认真听讲、主动回答问题、能够提出问题） | 0.04 | |
| | 自主 | 8. 学生能否有序地进行自主学习<br>9. 学生自主学习效果如何 | 0.04 | |
| | 达成 | 10. 通过课堂讲解，学生能否基本掌握学习内容 | 0.02 | |
| 教师教学<br>（40 分） | 口语表达 | 11. 讲普通话，发音清晰<br>12. 语速得当，易于学生接受<br>13. 语气语调富于变幻<br>14. 声音洪亮，全班同学都能听见<br>15. 语句流畅<br>16. 表达科学规范，正确运用化学术语<br>17. 口语情感与教学情境相适应，富有感染力<br>18. 讲解清晰，层次分明，重点突出 | 0.18 | |

续表 11-1

| 一级指标 | 二级指标 | 三 级 指 标 | 权重 | 得分 |
|---|---|---|---|---|
| 教师教学（40分） | 体态语言 | 19. 肢体：手势（配合语言表达，无小动作），头姿（适度）<br>20. 姿势：站姿（挺拔端庄）、走姿（快慢得当）、坐姿（文雅）<br>21. 仪表：得体的服饰、发型<br>22. 仪容：干净整洁的面部，适宜的面部修饰<br>23. 表情（和蔼）、眼神（和学生交流）<br>24. 随教学活动调整和学生的距离<br>25. 各种体态语言配合恰当、自然、适度 | 0.14 | |
| | 综合素养 | 26. 教师对突发事件应变能力强、处理方法得当<br>27. 教师能够调动学生的积极性主动参与课堂 | 0.08 | |
| 课程性质（20分） | 目标 | 28. 教师做到教书育人有机结合 | 0.03 | |
| | 内容 | 29. 内容是否凸显学科特点、核心技能及逻辑关系<br>30. 容量是否适合全体学生 | 0.06 | |
| | 实施 | 31. 教师是否关注学习方法的指导 | 0.03 | |
| | 评价 | 32. 教师如何获取评价信息（回答、作业、表情）<br>33. 教师对评价信息是否解释、反馈、改进 | 0.06 | |
| | 资源 | 34. 预设的教学资源是否全部使用（挂图、模型、音频、视频、PPT等） | 0.02 | |
| 课堂文化（20分） | 思考 | 35. 全班学生是否都在思考<br>36. 思考时间是否合适 | 0.05 | |
| | 民主 | 37. 课堂氛围良好，文化气息浓厚，互动及时<br>38. 课堂上学生情绪是否高涨 | 0.06 | |
| | 创新 | 39. 教室整洁，座位布置合理，便于教师走下讲台，与尽可能多的学生互动交流 | 0.03 | |
| | 关爱 | 40. 师生、生生交流平等，尊重学生人格 | 0.03 | |
| | 特质 | 41. 哪种师生关系：评定、和谐、民主 | 0.03 | |

# 第十二章　结束技能

如果开头的艺术是为了将学生更好地引到教学胜境之中，以求收到最佳效果的话，那么结尾的艺术，就是要将教学小课堂带入到人生大课堂，将最佳效果从课堂之点辐射到课后。

——牛学文

**学习目标：**

**知识：** 了解结束技能的概念、功能，了解归纳概括、比较异同、巩固练习、首尾呼应、讨论问答、游戏创新、延伸拓展等类型；

**领会：** 理解结束技能的构成要素和提供准备、唤起注意，概括要点、突出重点，建立联系、比较异同，设置悬念、深化拓展等应用要点；

**应用：** 选取中学教材一节内容，编写规范的结束技能教学设计，并反复练讲；

**评价：** 根据学生学习、教师教学、课堂文化、课程性质四个维度，熟练运用结束技能课堂观察量表进行结束技能训练案例评析。

# 第一节　结束技能概述

结束技能是指教师完成一项教学任务时通过重复强调、归纳总结、转化升华和设置悬念等方式，使新知识系统地纳入学生原有认知结构中的一类教学行为。课堂教学的结尾，要依据本节课的教学内容，将学生分散的知识集中起来，进行系统的教学总结，帮助学生完成由感性认识到理性认识的飞跃。所以，结束技能是课堂教学必不可少的一个环节，也是教师展现智慧的环节。

无论采用何种方式来进行教学的结束过程，其意义都在于有效地帮助学生归纳总结全部课程，形成完整的知识结构。用认知心理学的同化论来解释就是知识同化的过程，即学习者认知结构中原有的适当观念是学习新知识的关键。教师应根据新知识的特点分析它与学生原有认知结构之间的关系，按照认知的层次组织规律帮助学生对知识进行重新编码，将新知识纳入到认知结构中，快速有效地形成新的认知结构。新知识的获得主要依赖于原有认知结构中的适当观念，原有观念与新知识相互作用，才能产生有意义学习，实现新旧意义的同化。同化活动不仅存在于意义获得的知觉和认知过程中，也存在于知识的保持阶段和组织阶段。

奥苏伯尔认为，一个完整的意义学习过程，包括有顺序的三个阶段，即习得阶段、保持阶段和再现阶段。其实课堂的结束阶段就是所谓的保持阶段，有意义的保持和遗忘是认知同化的继续。有意义的保持是一种不断进行改组和重新结合的过程，即认知同化的过程。因此在应用结束技能时，有意识地忽略知识的细节而突出知识内容的重点是符合保持与遗忘的规律的。而突出知识内容的重点就是明确新知识与原有知识的区别与联系，使遗忘只发生在不重要的细节知识内容上。

# 第二节　结束技能的功能

结束技能是对课堂前面教学环节中有效的教师教学行为的总结和概括。教师在结束环节中应重申所学知识的重要性及注意要点，强调重要的事实、概念和规律，概括、比较相关的知识，使新知识和学生的认知结构建立联系，形成知识网络。具体说来结束技能的功能主要有以下四个方面：

（1）归纳巩固，促进知识系统化。每节课的知识内容都不是孤立的，是按照一定的逻辑组合而成的。运用结束技能对一节课或一单元课所学的知识信息进行及时的系统化总结、巩固和应用，使学生对学习内容更加清晰，形成一条逻辑结构主线。经过及时的复习小结，将知识信息从原来的瞬时性记忆转化为短时记忆或长时记忆，起到复习巩固的作用。例如，在初步学习有机物时，课堂上学生认识了很多具体的有机物，对有机物的概念、与无机物的区别有一定的认识，但对其具体分类并没有清晰的了解。教师就可以将有机物的分类规律作为课堂的结束内容，清晰准确地告诉学生按碳的骨架、按官能团都是如何进行具体分类的，使学生建立完整的有机物分类体系，便于分门别类进行性质的学习。

（2）反馈强化，查找漏洞缺失点。运用结束技能可以及时反馈教与学的各种信息。当教师按原先备好的教学计划完成了教学任务后，利用结束环节，通过完成各种类型的作业、练习、操作回答、小组总结、判断评价等活动方式，检查教学效果及学生掌握知识的程度，为下一步的调整改进及时提供反馈信息。例如，在学习完原电池和电解池后，教师可以通过对两类电池的比较进行知识的回顾和复习。在比较中，通过反馈信息，了解学生对这两类电池的原理、概念、特点和区别等知识点的掌握程度。若学生的掌握程度不够理想，教师可以继续讲解练习直到理解为止，而不是一味地追赶教学进程，不顾学生的反馈。

（3）承前启后，增强课堂衔接性。化学知识的学习具有连贯性，既有纵向联系又有横向关系。有效的结束有利于为后续知识学习做好准备，为讲授新知识提前创设教学情景，起到课与课之间、知识与知识之间的承前启后作用。例如，在讲授二氧化碳的性质一节内容时，学生已经学习了氧气、氢气的相关知识，进一步学习二氧化碳的性质并对其进行有效的归纳作为结束内容，对氧气和氢气知识的掌握起着巩固和提高作用，也为学生今后学习一氧化碳、碳酸、碳酸钙等物质及其衍变打下基础，做好铺垫，起到了承上启下的作用。

（4）设置悬念，发散学生思维点。教师在结束环节，可以留下悬念，埋下伏笔，促进学生的思维活动深入开展，进一步诱发学生学习的积极性，便于学生在课后有针对性的复习。例如，学完"原电池"之后，提出这样一个问题：原电池的装置把化学能转变成了电能，电能可否转化为化学能呢？下节课我们将和大家一起探索它们之间的这一奥妙。教师通过设置悬念，激发了学生对学习电解池的兴趣，又为下节课的学习埋下伏笔。

教师通过全面而准确的结束，帮助学生对所学知识进行及时的复习、巩固和运用。引导学生分析自己的思维过程和方法，理解学科思维方式的特点和学习的方法，促进学生思维能力与自学能力的发展。在教师的引导下，学生参与评价活动，使学生领悟所学内容的思想性，做到情与理的统一，并使这些认识、体验转化为指导学生思想行为的准则。

# 第三节 结束技能的要素

中学课堂的教学环节主要由导入、新内容的学习、结束三方面构成。按照结束阶段教师的行为顺序，结束部分主要包括：心理准备、概括要点、建立联系、突出重点、比较异同、深化拓展这六个要素。

（1）提供准备，唤起注意。教师应该向学生明确教学进入总结阶段，唤起学生的有意注意，把精力集中于关注重要信息以实现知识的系统化、结构化，为学生主动参与总结提供心理准备。这种心理准备的提供方式往往是开门见山的，通过语言内容和语气的变化直接向学生说明教学过程将进入到总结阶段，并提示接下来的总结方式，让学生可以做好集中精力归纳总结的准备。例如，"现在让我们一起回顾所学过的知识，看看这些内容中的重点及其之间的关系""让我们共同回答以下问题，作为今天学习的××知识的结束""为了掌握好××新知识，让我们把它和××知识的异同和联系作比较"等。

（2）概括要点，突出重点。进入结束阶段，教师首先应当省去那些花哨的方式和语言，简单而有力地进行最后的"叩击"。明确告诉学生：我们已经学习了什么？它们的要点是什么？总体结构如何？除此之外更要突出重点，即强化记忆、熟悉操作、统摄全课、综合讲解，便于学生的记忆和应用。通过关键词的提示，让学生回忆起全部学习内容，明确要点之间的层级关系；通过概念图形式展现，将关键词之间的逻辑关系清晰表达出来，帮助学生建立完整的知识框架，提高其认知能力。

例如，教师在讲解完氧化还原反应后，可以用"升—失—氧；降—得—还"几个关键字进行概括，并用图 12-1 的图示进行具体说明和总结，帮助学生建立完整的知识框架，提高其认知能力。

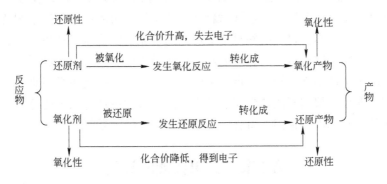

图 12-1 "氧化还原反应"概念图

（3）建立联系，比较异同。建立联系在于使知识系统化。从学生的认知心理过程来看，系统化是指在概括的基础上，把整体的各个部分归入某种顺序，在这个顺序中，各个部分彼此存在一定的联系，构成统一整体。比较异同是在理解问题和解决问题的基础上，强调发现知识间的差异。比较异同可以简单分为同类事物之间的比较和联系比较两种。前者是确定同类物质异同及其本质特征的一种比较方法，后者是揭示事物内在联系和相互关系的比较方法。

例如，在学习胶体一节内容后，教师通过与之前学习的溶液和浊液间建立联系，比较各自在微粒直径、通过的粒子种类等方面的异同。通过对它们性质的比较和联系进行课堂的结束，便于学生建立立体综合的知识结构。与此类似的还有关于"同位素""同系物""同分异构体""同素异形体"四同的比较。通过比较，建立联系，对一些容易混淆的概念进行细致的区分，便于使学生对知识有更加透彻的理解。

（4）设置悬念，深化拓展。"深化拓展"顾名思义，就是要求教师要在结课阶段不仅巩固知识，还要设置新情境，引发新问题，从而启发学生的思维，培养能力，起到承上启下的重要作用。这里所说的"新问题"既可以是本节课所学知识的升华提高和进一步拓展延伸的问题，也可以是从旧知识出发引出的全新的知识点。

例如，在讲解完氯气的物理化学性质后，进行总结时，可以设置如下情景："本课主要学习了氯气与金属及非金属的反应、氯气与水的反应，氯气还有哪些性质和用途呢？这就是下节课的内容。布置研究性课题：1）利用自来水浇花或养鱼时通常采何种措施？分析其原理。2）当氯气泄漏时，可采取哪些手段逃生？3）通过氢气在氯气中燃烧的实验，你对燃烧的条件和本质有什么新的认识？"

（5）组织练习，应用提高。总结过程中组织学生练习，可以使学生及时结合具体问题情境运用新知识，加强对新知识的记忆、巩固或深化。组织练习应该目的明确、层次清晰。目的明确是指练习的内容紧密围绕重点和关键点，少而精心地安排，教师要结合每个问题对照新知识的重点或新旧知识的联系与区别加以指点，帮助学生切实理解知识要点和重要结论。层次清晰是指练习难度的控制和练习顺序的安排。根据不同的内容、学生特点及教学条件组织安排练习。练习形式包括多种，有书面、板演、口答、分组研讨、实验习题等。

## 第四节　结束技能的类型

根据教学活动方式的不同，将结束技能分为归纳概括、比较异同、巩固练习、首尾呼应、讨论问答、游戏创新、延伸拓展七种类型。

## 一、归纳概括

在结束环节，教师用简明的语言、专业术语、图示列表等方式引导学生概括总结新知识的规律、结构和主线，从而突出重点、关键和本质，揭示内在联系和逻辑关系。归纳概括常用于某段新知识结束时对这部分知识的小结、对不同章节中相关知识或同一事物的属性和变化集中进行归纳总结，帮助学生概括出零散知识的规律，从认知结构的角度去理解掌握知识，如图 12-2 所示。

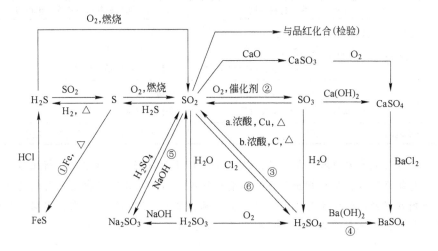

图 12-2 "硫的转化" 归纳总结

**案例：**

在学习 "硫的转化" 一章内容结束时就可以利用图 12-2 所示的转化框架图进行归纳总结，这张图清晰地罗列出硫及其各类化合物以及它们间的转化关系和转化条件，为学生的复习提供了一个有效的线索和纲领，以此作为课堂的结束环节，在宏观上为学生建立了整章内容的知识框架，呼应章节标题，便于学生的理解和掌握。

## 二、比较异同

比较异同类型的结束，是指教师引导学生总结新旧知识的异同点及联系，通过辨析以强调重点，实现知识系统化的结束方式。在化学教学总结阶段的分析比较中，教师应该紧紧围绕教学目标、重点、难点，加强分析比较的效果。这种类型通常广泛用于并列概念、对比概念、易混淆概念等化学基本概念和原理间的分析比较，见表 12-1。

**案例：**

表 12-1　原电池和电解池

| | | 原 电 池 | 电 解 池 |
|---|---|---|---|
| 能量转化 | | 化学能→电能 | 电能→化学能 |
| 组成条件 | | （1）活泼性不同的两个电极；<br>（2）两电极插入电解质溶液（自发反应）；<br>（3）形成闭合回路 | （1）电源；<br>（2）两电极；<br><br>（3）电解质溶液（或熔融状态） |
| 装置异同 | 异 | 无电源；两极材料不同 | 有电源；两极材料可以相同，也可以不同 |
| | 同 | 两极均发生氧化还原反应 | |
| 电极名称 | | 负极：较活泼金属<br>正极：较不活泼金属(其他导电性材料) | 阳极：与电源正极连接<br>阴极：与电源负极连接 |
| 电极反应 | | 正极：得电子，还原反应<br>负极：失电子，氧化反应 | 阳极：失电子，氧化反应<br>阴极：得电子，还原反应 |
| 电子流向 | | 负极→正极 | 电源负极→阴极，电源正极→阳极 |

　　在学习完原电池和电解池后，就可以表 12-1 为依据对两者进行分析比较，以此作为结束环节，既可指出各自的本质特征或不同点，又可指出它们之间的相同点或内在联系，使学生对概念的理解更准确、深刻，记忆得更清晰、牢固。帮助学生归纳、识记新学的知识，理解元素及其化合物性质变化的规律。

### 三、巩固练习

　　巩固练习类型的结束，是指教师运用书面练习、实验习题、问题讨论等实践活动，使学生在练习中理解和掌握知识要点与知识间的联系。不仅强化"双基"，还能反馈教学效果，促进知识学以致用，融会贯通，培养熟练运用知识解决实际问题的能力。

**案例：**　　　　　**氧化还原反应方程式的配平**

　　在氧化还原反应的课堂结束环节，教师可以通过配平以下方程式来进行巩固练习：

$$Na_2S_2O_4 + 3Cl_2 + 4H_2O = 2NaHSO_4 + 6HCl$$

$$5HClO_3 + 6P + 9H_2O = 5HCl + 6H_3PO_4$$

$$2KMnO_4 + 16HCl(浓) = 2MnCl_2 + 2KCl + 5Cl_2\uparrow + 8H_2O$$

　　通过该方程式的配平练习，使学生回顾复习得失电子法配平方程式的步骤，在配平后请学生指出氧化剂、还原剂及氧化产物和还原产物，围绕这一方程式对氧化还原反应中的基本概念进行总结，以此作为结束内容，促进学生深入学习。

## 四、首尾呼应

首尾呼应的结束方法是指在课堂的结束阶段，针对教师在导入环节设置的情景进行解释说明，使得整节课的逻辑结构更加缜密，内容更加完整，令学生有一种豁然开朗，柳暗花明的愉悦感。

---

**案例1：** 　　　　　　　　　**金属的腐蚀和防护**

学习"金属的腐蚀和防护"一节内容时，课堂一开始提出"为什么菜刀用后要擦干，否则容易生锈？""为什么白铁水桶一旦损坏，表面腐蚀更快？"作为开头，课堂结束环节时引导学生应用金属腐蚀的原理，回过头来解决课首提出的问题。这样既让学生在回顾知识的同时解决了生活中常见的问题，又在逻辑关系上显得很完整。

**案例2：** 　　　　　　　　　**盐类的水解**

在"盐类的水解"内容的授课过程中，以"碳酸钠是盐，不是碱。为什么却俗称纯碱？为什么碳酸钠溶液可以去油污？而且热的溶液去污能力更强"这样的问题作为引入，而在结束时就可以"碳酸钠之所以俗称纯碱，是因为其水溶液发生水解呈碱性，具有碱的作用，可以代替碱液去油污。另外，由于碳酸钠溶液的水解程度大，溶液中氢氧根离子浓度增大，去油污效果更佳"这样的解释与之前后呼应。

---

## 五、讨论问答

在结束环节，教师紧紧围绕本节课的重点内容或重要概念创设问题情境，组织学生以问答和讨论的形式进行小结，使问题在众多的意见和观念中更明朗，从而形成知识上的共识。既能检查学生掌握的程度，又能激发思维，并训练学生的口头表达能力。

---

**案例：** 　　　　　　　　　**氯气的化学性质**

在学习完氯气的化学性质后，教师可以通过设置以下问题来进行问答讨论式的结尾：（1）新制的氯水和久置的氯水的成分有什么不同？如何检验它们？（2）你认为实验室里应如何保存氯水？（3）若要增大氯水中次氯酸的浓度，可向氯水中加入什么物质？写出有关化学方程式。

在积极的商讨过程中，学生自由发言，敢于提出自己的想法，向他人的主张挑战，并勇敢地修正自己的观点，加深了对自身经验的理解。这不仅巩固了所学知识，还锻炼了学生的口头表达能力，增强了学生自我探究学习的信心。

### 六、游戏创新

游戏创新式的总结，即在游戏的过程中对知识点进行回顾与应用。这种类型尤其适合低年级的化学教学。例如，在学习金属及化合物、非金属及化合物等知识时，就可以钱扬义教授为核心的课题组创立的 520 中学化学扑克进行课堂的结束，其开发的扑克牌携带方便，规则简单，通过化学规律与扑克玩法的结合考查单质、氧化物、酸、碱、盐之间的反应，使得学生在游戏中学习，寓教于乐。

### 七、延伸拓展

在结束环节，教师将课堂结尾作为联系课内外的纽带，将学过的知识向其他方面延伸，从而达到拓宽、发展课堂教学内容的目的，这种方式也是结束技能的一种类型。延伸拓展的方式不仅可以给学生留下"言有尽而意无穷"的含蓄结尾，盼望"下回分解"，还能引起更高层次的学习动机，使学生展开丰富的想象。

---

**案例：** **二氧化硅晶体**

教师在讲解二氧化硅晶体后，以与其结构类似的氮化硼晶体为例进行拓展延伸式的结束。组织学生观察氮化硼的晶体结构，学生通过观察发现氮化硼晶体是由氮原子和硼原子构成的，其中六方氮化硼的晶体结构具有类似的石墨层状结构，呈现松散、润滑、易吸潮、质轻等性状的白色粉末，所以又称"白色石墨"。学生在今后遇到关于氮化硼晶体的习题时，不会觉得陌生，能更好地理解题目的含义，便于接下来题目的自如应答。

---

## 第五节　结束技能的应用要点

动员学生参与总结，并努力实现教学目标，是结束技能的第一要点，在这个原则下应注意以下问题：

（1）目的明确。教师在进入结束环节时，要紧扣教学目标进行设计和组织教学活动，讲求重点突出，以巩固学生所学知识、启发学生思维。教师要设法将学生的瞬时记忆和短时记忆转化为长时记忆；要创设新情境，提出适合于学生水平并有新意的问题，引导学生探讨，培养能力，发展智力。

（2）结构清晰。总结时应当全面揭示清晰的知识系统，引导学生发现知识间的联系与区别，通过系统化的比较形成完整的知识结构，切忌各部分知识支离破碎、互不相干。尤其是对一些易混淆的概念和原理，要将系统的结构完整地呈现在学生面前，便于学生从宏观上把握其基本框架。

（3）语言精练。结束时，口头语言要特别做到语音清晰、语速适中、加重语气。书面语言（板书）应当提纲挈领，重点突出。已经进入到课堂的最后阶段，学生的注意力会有一定程度的分散，如果长篇大论，不仅耽误课程进度，而且使学生产生疲倦感和抵触情绪。简单有力的总结胜过一切。

（4）方法多样。总结时，教师使用的方法要灵活新颖，不拘一格，不要简单重复所学内容，要体现变化，并有一定难度。传统的归纳总结、板书回顾不能调动学生的兴趣，不妨采用思维导图等更新鲜的形式进行优化设计，以彩色的图片、音频和视频来刺激学生的感官，为课堂最后的结束增添色彩。

（5）时间适当。总结应紧凑，不可费时太多。绝对不能拖堂，以免影响学生休息。教师应根据不同的教材内容，不同的认知水平准确有效地安排"结束"时间，而不是千篇一律地在规定时间内完成"结束任务"。"虎头蛇尾"不可取，"画龙点睛"才更精彩！

# 第六节　结束技能案例评价

## 一、结束技能课堂观察量表

结束技能课堂观察量表见表12-2。

**表 12-2　结束技能课堂观察量表**

| 一级指标 | 二级指标 | 三 级 指 标 | 权重 | 得分 |
|---|---|---|---|---|
| 学生学习<br>（25分） | 准备 | 1. 学生课前准备用具（教科书、笔记本、学案）<br>2. 学生对新课的预习 | 0.04 | |
| | 倾听 | 3. 学生是否认真倾听教师授课<br>4. 学生是否能复述教师讲课或其他同学的发言<br>5. 倾听时是否有辅助行为（记笔记、查阅资料、回应） | 0.07 | |
| | 互动 | 6. 学生能否积极回答教师提问，主动参与讨论<br>7. 学生对结束类型是否感兴趣 | 0.05 | |
| | 自主 | 8. 学生能否有序地进行自主学习<br>9. 学生自主学习效果如何 | 0.04 | |
| | 达成 | 10. 学生是否意识到进入结束环节，主动参与，互动<br>11. 学生倾向何种结束手段（语言、彩色板书、手势） | 0.05 | |

| 一级指标 | 二级指标 | 三 级 指 标 | 权重 | 得分 |
|---|---|---|---|---|
| 教师教学<br>（35 分） | 环节 | 12. 教师选用哪种结束方式，效果如何（（1）概括总结；（2）分析比较；（3）巩固练习；（4）串联结块；（5）歌诀、游戏法；（6）其他）<br>13. 结束方式和内容是否与教学目标相适应<br>14. 结束部分是否安排学生活动（练习、提问、小结等）<br>15. 教师是否布置作业 | 0.16 | |
| | 呈示 | 16. 教师对知识的概括是否简练、明确、具体、清楚<br>17. 教师是否暗示学生进入结束环节，唤醒学生注意 | 0.07 | |
| | 对话 | 18. 教师是否启发思维，培养能力，留下思考空间 | 0.03 | |
| | 指导 | 19. 采用何种辅助教学媒体指导学生自主、合作、探究学习（挂图、模型、音频、视频、PPT 等），效果如何 | 0.03 | |
| | 机智 | 20. 教师处理突发事件是否得当<br>21. 呈现哪些非言语行为（表情、移动、体态语、沉默） | 0.06 | |
| 课程性质<br>（20 分） | 目标 | 22. 目标是否适合学生水平<br>23. 课堂有无新的目标生成 | 0.05 | |
| | 内容 | 24. 内容是否凸显学科特点、核心技能及逻辑关系<br>25. 容量是否适合全体学生 | 0.05 | |
| | 实施 | 26. 教师是否关注学习方法的指导 | 0.02 | |
| | 评价 | 27. 如何获取评价信息（回答、作业、表情）效果如何<br>28. 教师对评价信息是否解释、反馈、改进 | 0.06 | |
| | 资源 | 29. 预设的教学资源是否全部使用 | 0.02 | |
| 课堂文化<br>（20 分） | 思考 | 30. 全班学生是否都在思考<br>31. 思考时间是否合适 | 0.05 | |
| | 民主 | 32. 课堂氛围良好，文化气息浓厚，师生互动及时<br>33. 课堂上学生情绪是否高涨 | 0.06 | |
| | 创新 | 34. 教室整洁，座位布置合理，便于教师走下讲台，与尽可能多的学生互动交流 | 0.03 | |
| | 关爱 | 35. 师生、生生交流平等，尊重学生人格 | 0.03 | |
| | 特质 | 36. 哪种师生关系：评定、和谐、民主，效果如何 | 0.03 | |

## 二、结束技能教学设计案例

课题：离子反应和离子方程式的书写（人教版高中化学必修一第二章第二节第二课时）

训练者：孙贤　　　　　时间：10min　　　　　成绩：　89

教学目标：1. 掌握离子反应方程式书写的规则、注意事项。

　　　　　2. 培养学生总结归纳能力。

| 时间 | 教 师 行 为 | 学 生 行 为 | 技能要素 |
|---|---|---|---|
| 0.5min | 【导入】同学们，这节课我们学习了离子方程式的书写，因为这部分内容是历年高考的必考点，所以同学们一定要很好地掌握离子反应方程式的书写 | 认真听讲，回忆旧知识 | 为讲解提供必要心理准备 |
| 2.5min | 【讲述】下面我们通过一道练习题来检验一下同学们对本节课所学内容的掌握情况。老师给出的练习是，写出石灰石和盐酸反应的离子方程式。老师会请一位同学上黑板上来书写，其他同学在自己的课堂练习本上书写。<br>【板书】练习：石灰石＋盐酸<br>【提问】哪位同学可以上黑板给大家写一下石灰石和盐酸反应的离子方程式呢？好，××同学请你上黑板写一下 | 认真听讲，仔细读题，思考问题，板书答案。<br>【学生板书】<br>$CO_3^{2-}+2H^+=$<br>$H_2O+CO_2\uparrow$ | 引入内容，激发思考，巩固练习，通过练习，回忆离子方程式书写规则 |
| 3.5min | 【讲述】大家看她书写的正确吗？我们如何来判断这个离子反应方程式的书写是否正确呢？这就运用到了本节所学的内容，离子反应方程式的书写步骤：写、拆、删、查。同学们，大家再来看下××同学所写的反应方程式正确吗？（错误）对，错误，那大家观察一下错在哪里了呢 | 【回答】不正确；回答离子反应方程式书写步骤 | 层层深入，引疑提问，利用错误，加深印象，形成框架 |
| 7min | 【讲述】通过练习，相信同学们对离子反应方程式的书写步骤已经有了更深刻的记忆。这也就是本节课的重点：离子反应方程式书写的一般步骤："写"—写出准确的化学反应方程式；"拆"—把易溶于水、易电离物质写成离子式，难溶于水、难电离物质、气体、单质、氧化物写成化学式；"删"—删去方程式两边相同的离子；"查"—原子守恒和电荷守恒。<br>【提问】同学们，你们觉得在这四个步骤中，哪步最重要呢？对，就是拆，这也是同学们在书写离子反应方程式时最容易出错的一步。哪些物质能拆，哪些物质不能拆？<br>【讲述】易溶于水、易电离物质拆；难溶于水、难电离物质、气体、单质、氧化物不拆。那么，大家共同来回顾一下，常见的易电离物质有哪些呢？<br>【评价】好，很正确，请坐。老师来总结一下：常见的易电离物质有强酸、强碱和可溶性盐。<br>【提问】难电离物质又有哪些呢？<br>【评价】好，回答得很好，请坐。难电离的物质有弱酸、弱碱和水 | 认真听讲，仔细观察积极回答教师提出的问题——离子反应方程式书写一般步骤。<br><br>【回答】第二步；沉淀、气体、弱电解质不拆。<br><br>【回答】强酸、强碱易电离。<br><br>【回答】弱酸、弱碱难电离 | 通过讲解回顾总结，集中注意力形成反馈。<br><br>加深印象，强化重点，有意引导学生理清强、弱电解质的概念。<br><br>适当鼓励，激发动机，给予评价，总结深化 |

续表

| 时间 | 教师行为 | 学生行为 | 技能要素 |
|------|---------|---------|---------|
| 9.5min | 【提问】通过我们刚才对本节课重点内容的强化，同学们有没有发现书写离子反应方程式要注意哪些问题呢？<br>【讲述】好，回答得很正确，但不全面，请坐。那么，老师来结合丙同学的回答总结一下书写离子反应方程式的注意事项一共有五点：（1）符合客观事实；（2）遵守物质拆分原则；（3）遵守原子守恒和电荷守恒；（4）系数最简化；（5）正确使用反应条件、生成物状态符号 | 【回答】能不能拆，电荷守恒等。<br><br>认真听讲，记笔记 | 继续提问，集中注意，启发思维，归纳总结书写离子反应方程式的注意事项 |
| 10min | 【结束】相信通过本节课的学习，同学们对离子反应方程式的书写已经掌握了，希望大家课后就运用本节课所讲的知识完成今天的作业：课本 34 页 6、8 题。好，今天的课就上到这儿 | 领悟知识点，记作业，课下完成 | 布置作业，思考拓展 |

### 三、结束技能教学案例评价

结束技能是教师完成一项教学任务时，通过重复强调、概括、总结、实践活动等，对所教的知识或技能进行及时的系统化、巩固和应用，使新知识稳固地纳入学生的认知结构中去的一类教学行为。总之，上好一堂课，导语、结束语的力量不可忽视，但还是要根据学生对知识的掌握程度灵活处理，做到"实"而不"死""活"而不"浮"。下面将从四个方面对孙老师的教学导入片断进行分析、评价。

（一）学生学习维度

（1）准备。教师通过练习书写石灰石和盐酸反应的离子反应方程式，巩固知识，达到使学生掌握离子反应方程式的书写步骤及注意事项的目的。当教师发出指令后，学生反应速度快，积极配合教师完成教学任务，初步掌握本节课内容。学生有意识进入结束环节，情感准备充分；能够书写离子反应方程式，知识准备充分；有效检验方程式的正确程度，技能准备充分。

（2）倾听。孙老师设计师生互动环节，学生认真倾听教师指令，积极配合书写离子反应方程式；检验时，学生能够清楚复述书写环节及注意事项；观察发现，部分学生有记笔记等辅助行为。教师应及时鼓励按照教师要求操作的学生，同时暗示剩余学生积极参与到知识的讨论当中。

（3）互动。孙老师有意识地布置练习题以检验学生对知识的掌握情况，学生踊跃参与，举手抢答，形成师生互动的良好教学氛围。师生互动主要表现在教师教学情境设置得当，学生主动参与；生生互动主要表现在能够准确检验出知识漏洞，知识掌握程度较好。

（4）自主。学生各抒己见，完成离子反应方程式的校正，在自主学习的氛围下，有效、便捷、快速地掌握新知识。学生进行自主学习时，教师应当适时引导，才能加快自学学习氛围的形成。师范生在进行微格教学训练时，注意养成学生的自主学习，有助于教学目标的顺利完成。

（5）达成。整个结束过程，孙老师通过一道练习题，讲解离子反应方程式书写的步骤和注意事项，强调强弱电解质的拆分原则，启迪学生思维，培养学生能力。讲解过程中停顿得当，给予学生足够的反应时间，消化知识点，落实重难点，有助于学生知识的有效达成。

**（二）教师教学维度**

（1）环节。孙老师选取的结束方式是巩固练习，通过给出一道练习题请同学上黑板做答，检验同学们的掌握情况，然后带领同学们逐一分析，巩固本节课所学的内容。孙老师所选的巩固练习的结束方式与教学内容相适应，符合教学目标的要求。最后孙老师布置作业，通过多做练习题，让同学们达到熟练掌握的程度。教学环节设置合理，环环相扣。

（2）呈示。孙老师通过重复所学内容，强调教学重点，有意识地带领同学们进入结束环节。结合课程标准及相应教材，孙老师应从回忆离子方程式的定义开始结束教学，才能更好地体现教学内容的完整性。孙老师的书写规范，板书整齐，符合化学微格师范生的培养标准。

（3）对话。孙老师教学语言委婉，表情亲和自然，教态大方得体。讲课过程中，教学思路清晰，教学语言精炼。课堂气氛活跃，与学生的互动环节把握得当。但孙老师着装不够正式，建议师范生时刻注意身份的转化，在日常生活中，注意"体态语"的学习和使用。

（4）指导。通过做题练习，检察掌握情况，有意识地给同学们提供了心理准备，进行结束小结、突出重点。孙老师在讲解的过程中反复强调"离子方程式的书写"是本节课的重点，并将其画上重点符号，使本节课重点突出，有利于强化记忆、统摄全课。

（5）机智。利用练习题，引导学生回顾总结本节课的重点知识，着重强调容易出错和忽略的知识点。但反复记忆的次数过多，容易造成学生厌烦心理。此时应该根据学生的实际表现情况，决定重复的次数，也可多设置几个离子反应方程式的书写，每个练习讲解不同的重难点。建议师范生在进行教学设计时，考虑突发事件，尽量准备充分。

**（三）课程性质维度**

联系上节课所学电解质的知识，孙老师特意强调离子方程式的书写是本节课的重点，并且"拆"为四步中的重点也是难点，使本节课重难点突出。

孙老师对本节课的总结语言简明扼要，清楚总结离子方程式书写四原则。但孙老师讲解得太过详细，多次重复，稍显繁琐，对课程性质的把握有待提高。

检验同学做题的对错时，即使出现错误答案，老师在进行评价时，充分尊重学生的人格和自尊心，尽量不要用"叉号"标注，这样会打击学生积极性，可采取恰当的评价方式。

孙老师对所选课题内容把握得当，通过巩固练习结束教学，有效凸显学科特点。

（四）课堂文化维度

本节课，课堂文化气息浓厚，主要表现在：学生通过老师的指导引领，进行思考，学习氛围高涨；老师的目光一直环视全班同学；同学的目光一直集中在老师身上，思维跟着老师的讲解步伐；学生课堂表现积极主动，及时反馈信息。积极的课堂文化，可以使师生在课堂中享受愉快；反之，则产生痛苦，甚至厌弃课堂。

综上，孙老师的这堂课是很成功的，她能很好地将结束技能的要素贯穿始终，结合学生的认知水平，将一道练习题讲精、讲透，帮助学生及时巩固和运用所学知识，反馈教学效果，使学生将所学知识系统化。教学建议：教学设计要经过深思熟虑，反复推敲；讲课前，要从教师和学生两方面做好充分准备；提问环节，要及时给予每位同学鼓励的手势或眼神，并做出相应的反馈和评价；在整个上课过程中，都要将目光分配均匀，关注到每位同学的表现；上讲台时，尽量着装正式。

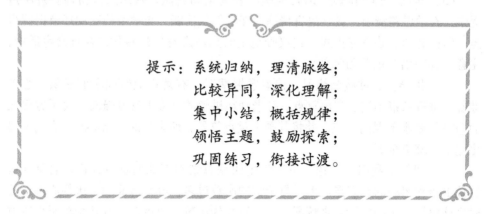

提示：系统归纳，理清脉络；
　　　比较异同，深化理解；
　　　集中小结，概括规律；
　　　领悟主题，鼓励探索；
　　　巩固练习，衔接过渡。

# 第十三章　信息化教学

社会信息系统是整个社会的神经系统，计算机网络则是整个社会信息系统的神经中枢。如果说教学信息系统是整个教学的神经系统，那么教师信息化教学能力则无疑是促进教学信息系统良性循环的助推器。

——王卫军

**学习目标：**

**知识：**了解信息化教学技能的特点，掌握基本的信息化操作过程；

**领会：**领会信息化教学技能的含义及在实践中的应用过程；

**应用：**学习尝试在化学教学中运用信息化教学的基本方法；

**评价：**掌握评价信息化教学技能的指标内容及评价体系。

# 第一节　信息化教学概述

信息化教学是指根据教学目标和教学对象的特点，在教学过程中合理选择和运用现代教学媒体，并与传统教学手段有机组合，共同完成教学的过程。信息化教学技能是指为优化教学，在信息技术环境下运用现代教育理论和信息技术，对教与学过程及相关资源进行教学设计、整合、开发和评价的技术与能力，包括了信息素养及在信息技术环境下的课程开发、整合、设计能力。

## 一、信息化教学的特点

信息化教学具有以下特点：

（1）再现形象、直观的教学内容。教学信息化是集文字、图形、图像、声音、视频、动画于一体的综合媒体，运用信息化进行教学，能从文字、声音、动画全方位展现教学内容。通过视觉、听觉等多种感知器官的刺激，提高了学生注意力。

（2）营造新奇、可视的教学情境。真实课堂教学中，教师可根据教学内容加载不同的背景音乐，使教学具有动感和愉悦感。运用图像媒体可以方便地展示实验现象和微观粒子运动状态；运用动画可以生动、活泼地展示各种活灵活现的化学场景，把学生带入一个未知而新奇的世界。有效地运用不同种媒体进行教学可以使学生对所学习内容产生浓厚的兴趣，加深对所学内容的直观印象。

（3）集结大量、即时的教学信息。运用信息化教学有效地丰富了教学内容，增加了课堂容量。利用多媒体，可节省大量的板书时间，把更多的精力放在启发、点拨、解决疑难问题上，为教师争取了对优等生的引导、对中等生的指导、对学困生的辅导的时间。教师可以根据教学内容，结合当下的前沿知识进行最及时的媒体演示，便于学生对知识的理解和掌握，提高教学的即时性和灵活性。

## 二、信息化教学的功能

信息化教学在教学实践中无论从教学手段、教学媒介到教学效果都具有传统教学媒体不可比拟的功能，体现为以下三方面：

（1）有利于创设轻松和谐的教学环境。多媒体是创设情境的最佳途径。它能有效地调动学生的好奇心，激发学生的学习兴趣。多媒体的特点是图文声并茂，能向学生提供形象生动的动感画面，悦耳动听的音乐背景，能把学生带进宽松愉悦的学习环境，从而为课堂教学营造一种浓厚的学习氛围，以此拨动学生的心弦，荡起思维的火花，使学生以最佳状态投入学习。

（2）有利于发挥学生的主动性和积极性。现代教育技术尤其是在多媒体计算机和网络引入后，教师的主要作用是培养学生获取知识的能力，指导学生的学习探索活动，让学生主动思考、主动探究、主动发现，从而形成一种新的教学活动形式。多媒体技术在实际课堂中的应用，使传统的探究性教学的"探究"意味更加浓厚，对培养学生的学习兴趣具有重要的意义。

（3）有利于培养学生的创新精神和信息处理能力。传统的化学课堂教学，教师更加注重知识内容的联系和整合，过分强调知识的系统性，缺乏对学生创新意识的培养。信息化教学将信息化技术融入实际教学当中，学生可根据媒体对内容呈现的多样性特点，在头脑中形成直观化的教学情境，并进一步进行联想和假设，有效地提高了学生的创新能力和解决问题的能力。

**三、信息化教学过程**

根据微格教学与信息化教学技能的特点，教师在课堂教学中有效地应用信息化课件展示丰富的信息化资料、创设情景、揭示教学过程与方法、促进学生学习。信息化技能训练过程包括：理论学习、技术提高、提供示范、编写教案、制作课件、角色扮演、反馈和评价。

信息化教学过程是根据现代化教学环境中信息的传递方式和学生对知识信息加工的心理过程，充分利用现代教育技术手段的支持，构建一个良好的教学平台，调动尽可能多的教学媒体、信息资源开展教学活动。在教师的组织和指导下，以学生为中心，强调情境对信息化教学的重要作用，强调协同学习的关键作用，充分发挥学生的主动性和创造性，使学生真正成为知识的主动建构者和创造者。

# 第二节　信息化教学应用

化学教学过程中涉及的信息化教学媒介主要包括挂图、模型、多媒体、电子白板等，其中，模型、挂图属于传统媒体，电子白板技术、投影等属于现代媒体。不同媒体之间都有其各自的优势，在教学实践过程中应该取长补短，相互借鉴。

**一、模型教学**

（一）模型使用简介

化学是一门基础的自然科学，主要研究物质的组成、结构、性质及其变化规律等，内容极为丰富。化学教育工作者如何运用自然科学方法论揭示化学运动规律，以科学的方法处理教材问题，至关重要。化学模型方法作为一种自然科学方法，在化学教学中有着广泛应用。

模型是宏观实物的模拟品。模型包括形象模拟和结构示意两种，如晶体结构（金刚石、石墨、氯化钠晶体模型）和有机物分子结构（球棍模型和比例模型）等。有些模型有成品出售，方便使用。在没有成品模型时，教师可以自制教学模型。如果有条件制成动态的模型，就能更大地激发学生学习的兴趣。教师在使用模型进行讲解时，应注意尽量发挥模型的直观性优点，启发学生的想象力，应力求达到"神似"。

（二）模型的选择和制作原则

（1）简便。运用模型过程中要以简便为基本原则，相同的内容力求做到"最小"。例如，用小圆球代替原子或分子，用短棒表示化学键，用小方盒代表晶胞等。只要学习者看到这些模型，就能真实地掌握物质的微观结构。

（2）真实。模型的选择和制作要做到与原型在外观上保持一致，从而真实地描述出原型的基本特点。

（3）清晰。能够形象地展示原型，准确地体现教学目的，易于学习者理解学习内容，便于学习者使用操作。

（三）模型的种类

（1）有机分子模型。有机化学是中学重要的学习内容之一，有机物分子的空间结构及异构现象是学习者在学习过程中常会遇到的问题。在有机物的学习中模型的种类主要包括比例模型和球棍模型。比例模型更加强调分子的时效性和真实性，是有机分子同比例放大的直接模型结构，球棍模型则是将"原子"和"化学键"相互结合而构成的间接模型结构，如图 13-1 所示。

图 13-1　丙烷分子的比例模型和球棍模型

（2）晶体结构模型。晶体的类型及空间结构是学习物质结构的基础。化学课标中明确提出利用模型分析金刚石与石墨的结构特点，可见模型的应用在晶体结构学习中的重要性。中学常见的几种晶体模型如图 13-2 所示。

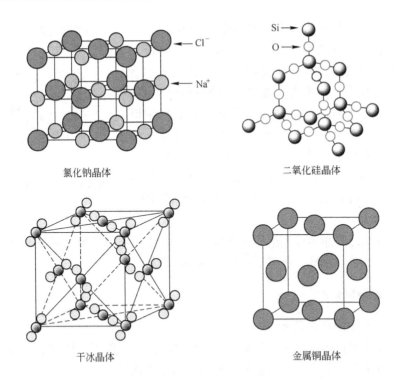

氯化钠晶体　　　　　　　　　二氧化硅晶体

干冰晶体　　　　　　　　　金属铜晶体

图 13-2　中学常见的几种晶体模型

（四）自制模型的使用

对于部分复杂粒子的演示讲解，教师很难找到对应的模型结构，这就需要自己加工制作模型。通常都是用不同颜色的橡皮泥或者面团做成大小不同的圆球，表示分子或原子，用竹签或细铁丝表示化学键，然后将不同颜色的球按照分子的空间结构顺序连接起来。教师也可鼓励学生亲手进行实践，在制作过程中，加深其对物质结构的进一步认识，如图 13-3 所示。

图 13-3　自制模型

（五）教学案例（二氧化硅晶体的讲解）

教师结合手中二氧化硅原子晶体模型，分析二氧化硅的空间结构，并对比说明二氧化硅晶体和金刚石晶体的异同，不难发现如果把金刚石晶体当中每个碳原子换为硅原子，同时在碳碳形成的化学键之间加上一个氧原子，就形成了二氧化硅的原子结构。之后设置悬念，让大家讨论二氧化硅晶体中硅-氧-硅、氧-硅-氧之间的键角分别是多少，学生结合模型，对比分析金刚石模型，回答老师提出的问题，如图 13-4 所示。

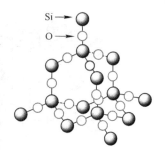

图 13-4　二氧化硅晶体

将二氧化硅的晶体模型应用于教学实践中，学生可以直观、清晰地观察物质结构，降低了学习难度，促进了对知识内容的理解。

## 二、多媒体教学

（一）多媒体使用简介

多媒体技术是指以计算机为核心，综合处理文字、图形、图像、声音、动画以及视频等多媒体信息，并使这些信息建立起逻辑连接，以表达更丰富、更复杂的思想或方法的综合技术。多媒体课件的来源主要包括两个方面：一是教师制作，二是网上下载。通过教师个人的构思和创意，制作出的课件是智慧的结晶和辛勤劳动的成果。但是，由于时间、精力所限，完全由教师个人制作的课件难度较大。大量的课件还需要到网上下载或者对其进行二次开发。因特网实现了资源的共享，化学教师应该能够充分利用网络资源为教学服务。

多媒体在化学教学中的应用主要体现在以下几方面：（1）微观粒子运动。微观粒子的运动是看不到、摸不着的，通常情况下只有借助于挂图和模型，通过教师的讲解使学生理解，例如水的分解、氢气还原氧化铜等实验的实质可用多媒体课件模拟微粒分开和结合的过程，使学生很快地理解。（2）有毒、有害以及在短时间内无法完成的实验，如胶体的电泳，硫化氢的性质与制取 $CO$、$SO_2$、$Cl_2$ 等毒性实验等。（3）错误实验操作的后果，如氢气还原氧化铜时先加热后通氢气、将水加入浓硫酸以稀释浓硫酸等。（4）典型化工生产工艺流程的宏观演示，如接触法制硫酸，氨氧化法制硝酸，一些典型药物如阿司匹林的生产等。

（二）多媒体选择原则

（1）适时原则。为了达到教学目标，教师应选择不同的多媒体。在多媒体教学过程中，教师要根据教学的内容，合理选择媒体并适时使用。如在讲解杂化轨道内容时，学习者难以想象电子的跃迁情况，这时就可以辅助运用多媒体进行视频或 Flash 动画演示，就能让学习者一目了然，提高学习效率。

（2）适度原则。在多媒体教学过程中，要考虑有多少个元素表征教学的基本信息。由于不同教学内容需要选择不同的信息表征元素，所以要选择具有典型性、代表性的多媒体来传达给学生教学信息。根据信息加工的观点，同一事物其表征的方式不同，对它的加工也不相同。多媒体在选取过程中一定要注意适度原则，切勿贪图"量"上的要求，务实最为重要。

（3）适用原则。多媒体在教学实践中的应用，其目的主要体现为提高课堂教学效率，解决实际教学问题，培养学生创新思维能力。因此，教师在选择多媒体进行教学时，选择的多媒体既要能调动学生学习的积极性，又要从知识、技能、思想等方面传授知识，还要使课堂气氛融洽，教学过程轻松愉悦，即体现媒体的适用性和高效性。

（三）多媒体的种类

（1）投影仪。随着科技的发展，教学手段越来越先进，从电脑辅助教学到校际互联网教学，不同时期媒体的使用为教育事业的发展奠定了良好基础。根据化学学科特点，诸如有害、有毒危险性实验、微观粒子运动及空间构型等内容无法在真实的环境中予以呈现，将电脑与终端的投影仪相结合为化学课堂教学提供了可能。电脑和投影仪相连应注意：1）在连接电脑和投影仪之前先关闭机器，以防瞬间电流过大，造成机器损坏；2）连接投影仪 VGA 线并对信号进行有效切换，经常按动电脑上的 Fn + F8（不同机型，按键不同）组合键。

（2）电子白板。电子白板是一种辅助人机交互设备。在教育教学中，可配合投影仪、电脑等工具，实现无尘书写、学科讲解、远程交流等功能。以交互式电子白板为核心的交互式教学环境的基本构成如图13-5 所示。通过 VGA 线将电脑内容投射到交互式电子白板上，交互式电子白板的 USB 接口与计算机相连，当用户在白板上进行操作时所有数据将会通过 USB 线传回到电脑中进行处理，形成了一个以交互式电子白板为核心的互动反馈教学环境。

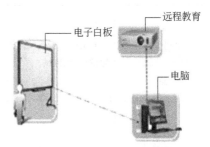

图 13-5　交互式电子白板示意图

电子白板的优势有：（1）互动优势。在电子白板的课堂教学过程中，教师可以离开中央控制台面向学生，利用专用书写笔或手指操控白板演示，与学生进行面对面交流。学生可以清楚地看到教师的表情和肢体动作，自由、主动地参与到教学情境中来，实现真正意义的师生互动。（2）存储优势。电子白板提供了强大的存储功能，可以将课堂上学生的思考以及教师的讲解过程、演示画面、多媒体展播等记录下来。教师可以在课后反复回放，有利于进行教学反思。同时，为教师间相互讨论提供了一个共享平台。（3）整合优势。电子白板是一种多用途、高效率的教学应用平台，其不仅能运行相关教学软件，也可以整合文字、声音、视频、课件等多种数字化教学资源，同时，还能够对各类教学资源进行汇总、编辑和处理。电子白板为课堂师生互动提供了一个技术性平台，为师生的教与学创造了良好的教学环境，为课堂教学带来了无限的生机和活力。

（四）电子白板基本工具

电子白板中常用的按钮名称及功能见表13-1。

**表13-1　电子白板中常用的按钮名称及功能**

| 按 钮 名 称 | 功 能 | 按 钮 名 称 | 功 能 |
|---|---|---|---|
| 硬笔 | 模仿钢笔、圆珠笔、粉笔等硬笔的书写笔迹，单击即可在当前桌面上进行书写、批注 | 软笔 | 模仿毛笔的书写笔迹，可以描绘出笔锋以及笔迹的轻重缓急，单击即可在当前桌面上进行书写、批注 |
| 笔色 | 单击该按钮可调整笔画的颜色、透明度等属性 | 宽度 | 单击该按钮可调整笔迹的宽度 |
| 删除 | 对笔迹进行擦拭，提供点擦拭/区域擦拭 | 撤销 | 单击此按钮即在软件当中保存当前屏幕页，可在索引栏中查看 |
| 屏幕键盘 | 生成屏幕键盘工具 | 工具 | 生成工具菜单，可选择常用工具 |

（五）电子白板化学学科工具

化学学科工具包含六个功能按钮，提供化学符号、元素周期表、原子结构示意图、化学器械、化学器皿等多种与化学学科相关的通用工具。

（1）化学符号功能。利用该工具实现化学方程式的输入。包括有机化学、无机化学等内容，如图13-6所示。

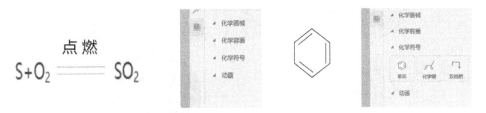

图 13-6 无机、有机化学符号及方程式的书写应用

（2）元素周期表功能。可以查找周期表中任意元素的名称、位置、元素符号、原子结构、用途及性质等，单击需要查找的元素，如图 13-7 所示。

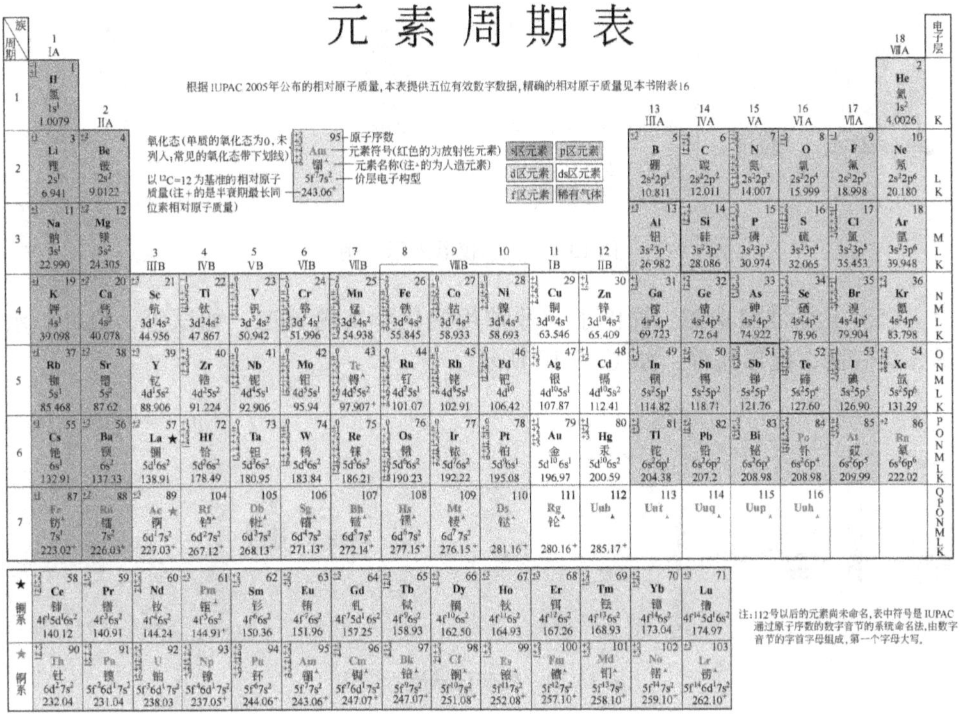

## 元素周期表

图 13-7 元素周期表及元素性质展示应用

（扫扉页二维码看彩图）

（3）原子结构示意图功能。可根据原子核中质子的数目显示出该原子的外层电子层数以及各层电子的数目，使用户对该原子有直观的认识，如图 13-8 所示。

（4）化学器械功能。为用户提供了化学实验的各种器械，可以根据需要对实验对象进行修改和设置，以达到虚拟实验的目的。例如天平、砝码、酒精灯、火焰、温度计等，如图 13-9 所示。

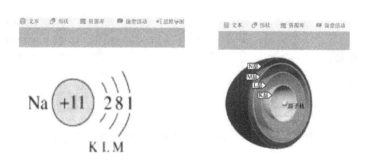

图 13-8　原子核及电子层展示应用

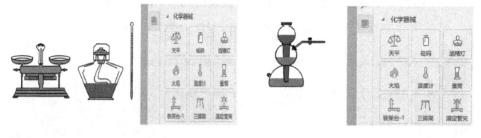

图 13-9　化学仪器展示应用

（5）化学器皿功能。提供了一些常用的化学实验器皿，如试管、烧杯、水槽、集气瓶、锥形瓶等，如图 13-10 所示。

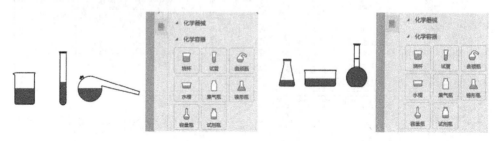

图 13-10　玻璃仪器展示应用

（6）其他功能。提供了一些化学反应中常见的固体物、气泡和水滴的图片，如图 13-11 所示。

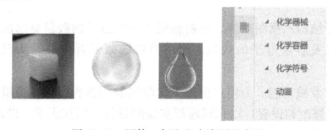

图 13-11　固体、气泡和水滴展示应用

## （六）教学案例

使用电子白板的教学案例如图 13-12 所示。

| 阶段任务 | 教师活动 | 学生活动 | 教学媒介 |
|---|---|---|---|
| 通过电子白板演示功能分析晶体的空间结构 | 通过电子白板直观的将分子晶体和原子晶体的区别展示出来，同时呈现不同晶体的硬度对照表。<br>以金刚石为例，在电子白板中呈现其空间结构。鼓励学生思考金刚石及二氧化硅的分子组成及原子个数之比 | 观看电子白板图片，联系学过的知识积极思考：对于分子晶体组成和结构相似的物质，相对分子质量越大，分子间作用力越大，物质的熔沸点也越高。<br>学生思考，并应用电子白板手写功能填写表格问题 | 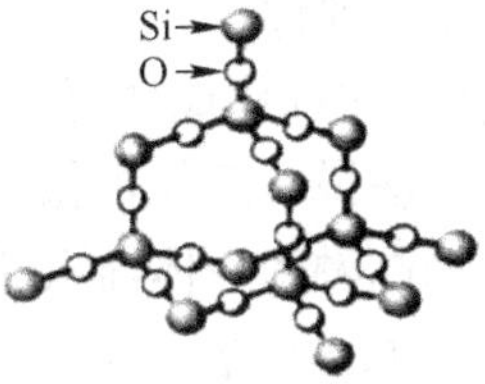 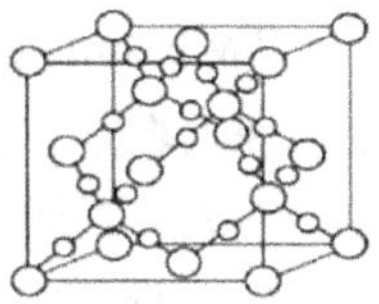 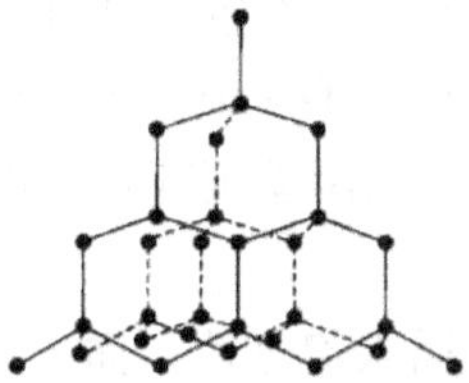 <br>思考：<br>a. 每个碳原子与相邻＿＿个碳原子以共价键结合。<br>b. 碳原子个数与C—C键之比为＿＿。<br>c. 二氧化硅最小环上有＿＿个原子。<br>电子白板展示 |

图 13-12　使用电子白板的教学案例

（1）网络多媒体资源。多媒体教学资源主要包括文字、图像、视频、动画等内容，可以通过网络下载、数据库或光盘进行收集。目前使用最为普遍的搜索引擎包括谷歌、百度、搜狐等主流网站，搜索的主要方法是关键字、词、句、符号的检索，操作简单、快捷，内容丰富、海量。针对专业领域，不同类型的论坛及网站为各行业的发展提供了学习和展示的平台。以下列举了中学化学教育领域常见的网站，仅供参考。

（2）化学资源网站：

1）中国基础教育网：http：//www. cbe21. com

2）人教社化学教育网站：http：//www. pep. com. cn

3）化学在线：http：//www. huaxue. net

4）中学化学资源网：http：//www. chemsky. net

5）网上化学课堂：http：//www. tanghu. net

6）英国化学资源指南：http：//www.chemdex.org

（七）多媒体教学的方法和技巧

多媒体教学能集文字、图形、图像、声音、动画等多种媒体为一体，其最大特点是具有很强的交互作用，能存储巨量信息和虚拟现实世界，因而在教学过程中极有助于营造出一个理想的学习氛围。

1. PowerPoint 制作课件

PowerPoint 制作的多媒体课件可以用幻灯片的形式进行展示，适用于学术交流、课堂教学、公开演说、工作汇报等诸多场合。PowerPoint 能便捷地将各种图像、图案、视频、动画融为一体插入课件当中。

（1）课件构思。根据内容特点，设计课件方案，考虑板式的选取，颜色基调选取、效果的设置、动画特效及超链接，同时精心构思场景及画面。

（2）创建 PowerPoint 文档。主要包括：新建空白文档、根据模版新建、根据向导新建。利用模版新建可以在短时间内创建不同形式文档，也是最为常用的一种方法。

（3）插入幻灯片。插入幻灯片的过程中可以根据个人喜好选择不同的板式，方便快捷。

（4）添加媒体。文字：在窗口中设置文字的方向、字体、字号、颜色等；图形和图片：在插入菜单栏下有图片、图形、形状、Smart Art 图形等；声音：在剪辑库中插入或者在文件中插入，插入之后会显示对应图标，鼠标点击可以播放声音。视频、Flash 动画：可以在剪辑库中插入或者在文件中插入，通常把 avi 类型文件插入幻灯片中。

（5）幻灯片的动画切换。动画类型：进入、强调、退出、路径；动作条件：单击、按键、定时、之前、之后、触发；附加特性：速度、声音。

（6）幻灯片的放映。

2. Flash 动画制作课件

Flash 动画是一种交互式动画设计工具，其可以将音乐、声效、动画以及富有新意的界面融合在一起，以制作出高品质的网页动态效果。

（1）研究教材，设计动画表现题材与形式。制作 Flash 化学教学软件，首先要在熟悉教材的基础上，针对教材的重点和难点，分析哪些内容运用 Flash 动画来描述能更好地表达和解释，更有利于学生理解。其次找出最适合制作动画的知识点及材料，然后再考虑设计动画制作的表现形式。

（2）编写动画制作脚本。脚本即动画制作的方案，包括创作意图、主要内容、表现形式、制作方法和步骤以及技术的应用。创意的优劣直接影响课件的质量和教学效果，因此在制作课件之前，要认真编写创作脚本。设计时应体现以下原则：1）科学性。化学课件中的教学内容必须符合化学原理，不能违背公认的科学概念，具有严谨的逻辑性。2）艺术性。熟练运用 Flash 的制作功能，应用艺术手法对文字、图形图像、声音、光和色等元素和画面整体进行美化加工处理。3）趣味性。在科学性的前提下，配上幽默的情景和语言以增强观赏性、操作性和交互性，作品在应用时要便于操控和人机交流，应设置方便使用的控制按钮。

（3）收集素材。制作内容丰富的 Flash 教学软件需要使用各种素材，包括文字、图形（矢量图）、图像（位图）、音频、GIF 动画以及所需的动作语言，而化学实验内容的动画则需要用到一些实验仪器和装置图或各种化学信息资料。许多素材可以从网上下载或从其他媒体获得，而不必全部自己制作。如果经常或多次进行多媒体制作，应建立相应的素材库，把收集到或自制的素材分类保存好，并不断积累。当制作 Flash 时，可从素材库里选择所需的对象，采取导入或复制粘贴的方法应用到作品中。

（4）制作 Flash 动画。制作前，还需考虑电脑硬件配置和软件安装。要流畅地运行 Flash 制作，电脑的硬件配置必须达到一定的要求，一般地说，CPU 主频不小于 1G、内存 256M、显示内存 64M 以上应该是基本配置。Flash 动画制作主要需要了解和掌握如下几项：1）Flash 动画的构成元素、场景、图层、元件、帧的含义及应用；2）了解界面的构成、各区域的意义与设置；3）"舞台"（工作区）的设置；4）菜单栏（顶部）各项目的功能与用法；5）工具栏（左侧）中的绘图、变形、色彩以及文本工具的用法；6）时间轴与图层（菜单栏下方）的用途与设置；7）属性面板（最下方）的应用；8）库面板和组件（右侧）的用途及用法；9）动作语言的应用。

3. 视频格式转换

视频格式转换是指通过一些软件，如会声会影、格式工厂等，将不同格式的视频互相转化，使其达到学习的需求。下面以格式工厂为例予以简要的介绍。

（1）导入要转换格式的视频。打开格式工厂软件，选择"添加文件"。

（2）选择不同的所需要格式，并进行参数设定。常见的格式主要包括：avi、rmvb、MP4、3GP 等，并对所选择的格式进行参数设定，包括分辨率、画面质量和大小。确定保存位置，单击"确定"即可。

在教学过程中教师应注意以下几个问题：教师不要仅以个人的喜好制作教学课件，要认真考虑学科类型、课程内容以及学生的学习特点与审美心态，选择最恰当的形式编排课件内容与表现方式；教学课件的内容尽量提纲挈领、突出重点、简明扼要，并尽可能利用图片、图表、图形、表格、流程图、双向表、插画等表现方式增强教学内容的直观性；激发学生的学习兴趣，促进学生对教学内容的理解与领悟；教师要依据学科特点和具体教学内容制作动漫效果与音响效果，切忌华而不实。

# 第三节 信息化教学案例及评价表

## 一、教学案例（见附录）

使用媒体简介：

"杂化轨道理论"教学案例中，运用到的教学媒体主要包括：电子白板、实物模型、仿真模型、图片、Flash 动画等，其中电子白板作为展示媒介贯穿整个课堂教学。

（1）电子白板。使用内容包括：1）形形色色分子的展示；2）VSEPR 理论预测；3）甲烷分子模型的展示；4）轨道杂化过程演示；5）杂化轨道理论展示；6）三种不同杂化类型的形成过程；7）对比分析中心原子的 VSEPR 模型和杂化轨道理论的异同；8）呈现有机物分子的空间构型；9）总结归纳。功能用途包括：1）新课内容铺垫，奠定理论基础；思维过程讲解，奠定方法基础；激发学习兴趣，奠定情感基础；2）课程讲解过程中，通过电子白板将学习者引入微观世界，奠定了良好的学习基调；3）将复杂的微观化学过程直观地展现在学习者面前，有效地降低了学习难度。

（2）Flash 动画。使用内容包括：1）甲烷分子动态旋转；2）杂化轨道理论分析；3）轨道杂化过程。功能用途包括：1）杂化轨道知识内容所涉及的立体构型是平面媒体技术无法完成的，运用 Flash 动画可以清晰地呈现出轨道杂化的全过程，立体性强，便于理解记忆。2）Flash 动画的动态效果可以有效地吸引学习者的注意力，使课堂教学任务能够高效完成。

（3）实物模型、仿真模型、图片。使用内容包括：1）金刚石空间结构讲解；2）有机分子空间构型展示；3）轨道杂化特点介绍。功能用途包括：1）实物模型（金刚石模型、面团模型）可以在真实的课堂教学中予以直观展示，使学习者对微观粒子的形成建立立体感知，为日后有机物分子的学习奠定了理论基础；2）通过亲自动手实践，有效地培养了学习者的发散思维和创新意识。

## 二、信息化技能评价表

信息化技能评价表见表 13-2。

**表 13-2　信息化技能评价表**

| 一 级 指 标 | 二 级 指 标 | 权重 | 等级 |
|---|---|---|---|
| 教育性 | 教学目标明确，对学习者掌握知识和发展能力起到促进作用 | | |
| | 有较强的针对性，选题和内容表达能突出主题，突出重点、突破难点 | | |

续表 13-2

| 一 级 指 标 | 二 级 指 标 | 权重 | 等级 |
|---|---|---|---|
| 教育性 | 内容组织清楚，阐述、演示逻辑性强，富有启发性，能使抽象理论形象化，复杂问题简明化 | | |
| | 内容丰富充实，知识信息量大，材料组织逻辑关系清楚，段落层次分明，结构严谨 | | |
| 科学性 | 概念、原理、定义、公式、名词解释、字词用法等准确无误 | | |
| | 分析、阐述要严谨准确，实验方法、步骤正确无误 | | |
| | 动画模拟效果逼真，能正确反映具体科学原理 | | |
| | 解说简练，正确无误，术语规范，文字符号无错误 | | |
| 艺术性 | 表现形式多样，手法新颖，情节生动，富有趣味性 | | |
| | 讲究构图，画面灵活，合理搭配颜色，色彩和谐悦目，具有表现力 | | |
| | 恰当地运用特技手法组接画面，节奏恰当，使教学内容的表达流畅生动，富有表现力 | | |
| | 对图形和动画进行艺术渲染，使之形象生动，解说声音悦耳，音响和配乐配置得当，与内容情节协调一致 | | |
| 技术性 | 运行可靠，性能稳定，兼容性、通用性好，便于维护使用 | | |
| | 图像清晰稳定，画面美观，色彩清新明快，动画播放流畅，画面组接与过渡自然 | | |
| | 解说清楚，配乐得体，音响效果好，声画同步 | | |
| | 技术手段先进，程序设计合理，技能技巧熟练，对技术难点有突破 | | |

# 附　录

## 微格技能综合训练教学设计案例
### ——"杂化轨道理论简介"

设计者：毕吉利

（人教版选修 3 第二章第二节"分子的立体构型"第 3 课时）

### 一、教学设计思路分析

（一）教材分析

本课选自人教版选修 3 "物质结构与性质"第二章第二节"分子的立体构型"第 3 课时。本节主要包括四部分内容，分别为：形形色色的分子、价层电子对互斥理论、杂化轨道理论和配合物理论。第一部分作为先导，引出分子构型的三大理论。其中，杂化轨道理论从微观量子学角度解释了原子之间的成键方法、有关物质的空间构型及其稳定性，在内容设置上起到承上启下的作用。从全书来看，杂化轨道理论在有机化学教学中同样具有十分重要的作用。体现在两个方面：其一，杂化轨道知识的学习为后续有机物空间结构的掌握奠定了基础。其二，杂化轨道理论对有机物中官能团性质的认识和学习具有重要的指导作用。

"杂化轨道理论简介"是本章节的重点及难点，理论性强，覆盖面广，要求学习者具有很强的空间想象能力，发散思维能力。同时，作为价层电子对互斥理论及配合物理论的过渡版块，在内容设置上兼顾了两者的特点，"求 VSEPR 理论之同，存分子构型之异"，结构设置巧妙，内容环环相扣。

学习者对杂化轨道理论的理解，实现了分子结构感性认识向科学理性认识的飞跃，符合认知发展的规律，有助于培养学习者严谨的科学态度和缜密的思维习惯。

（二）内容分析

（1）知识脉络。杂化轨道理论是在价层电子对互斥理论的基础上分析分子空间构型的原理及方法。本节课突出了"不同类型杂化方式"及"VSEPR 理论与杂化轨道理论综合运用"的观点，介绍了 $sp^3$ 杂化的形成原因、产生条件、杂化过程等，进而根据杂化轨道空间结构判断 $CH_4$ 的分子构型。以探究 $sp^3$ 轨道杂化的思路和方法为基础，进行方法导引，以不同分子为例，类推 $sp$ 杂化及 $sp^2$ 杂化的形成过程。最后，结合 VSEPR 理论解释不同类型分子（自行探究部分有机物）的空间构型。

（2）知识框架。纵观本节内容设置，将其概括为"一理三式两用"，即"一个杂化轨道原理""三种杂化轨道形式""两种判别方法应用"。"一理"是"三式"之基，"三式"乃"两用"之本，三者先后照应，相辅相成。

本节以"杂化轨道理论"为核心，介绍了轨道杂化过程中形态、能量的变化。结合具体实例，以原理介绍和理论推导为基础，引出三种轨道杂化类型，包括电子跃迁、轨道三维坐标中电子云重叠、新轨道形成过程中空间形状变化等。以杂化轨道理论与价层电子对互斥理论为"双基"，分析不同类型分子的空间构型，学以致用，做到理论联系实践。具体知识框架如附图 1 所示。

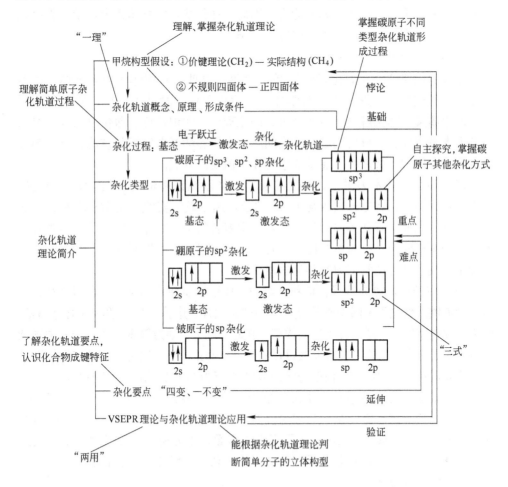

附图 1　"杂化轨道理论简介"知识框架图

（三）学情分析

（1）知识基础。学习者已了解原子的结构与性质、元素周期性，掌握电子云形成、原子轨道概念、价键理论和价层电子对互斥理论，并能初步运用价键理论及价层电子对互斥理论，推测简单分子的空间构型，但只是感性认知，缺乏理论解释。

（2）能力基础。通过第一章"原子结构与性质"的学习，已初步具备收集资料、整理资料、分析问题、自主探究的能力；对元素周期律的识记，已形成一定归纳、总结能力，养成科学严谨的治学态度；对价层电子对互斥理论的学习，进一步锻炼了学习者的发散思维及空间想象力。

（3）阻碍分析。杂化轨道理论的难点在于不同轨道的杂化过程，包括电子的跃迁、能量的分配、轨道的排列和组合，这就需要学习者具有很强的空间想象能力，分析、推导、解决问题的能力。因此，如何从空间立体角度使学习者高效掌握杂化轨道理论成为学习本节内容的关键。

（四）设计重点

本节课围绕"杂化轨道理论"核心内容，以理论知识作为内容载体，模型构建作为形式载体，形成系统教学体系。运用现代教育技术手段，通过复习回顾、产生质疑、理论解释、对比分析、深化理论、知识迁移、深化总结等环节引导学习者发现问题、分析问题、解决问题。在培养学习者知识与技能、过程与方法的同时，渗透人文教育，注重情感态度价值观的养成。

（1）以信息技术为平台，激发想象力，体验知识领悟的过程。结合杂化轨道理论知识特点，将电子白板与 Flash 动画运用于教学实践，使学习者在轻松愉悦的氛围内完成学习任务的同时，激发了学习者的学习兴趣，培养了空间想象能力、事物洞察能力、推断思维能力。在"看"科学、"学"科学、"悟"科学的过程中养成了良好的学习习惯和科学素养。

（2）以信息资源为背景，培养洞察力，体验模型建构的意义。学习之初，为学习者提供大量关于不同物质的分子空间构型图片、影像，鼓励学习者通过书籍、网络资源查阅信息，感知分子空间构型。在此基础上，通过微观杂化理论和中观杂化方式得出宏观物质构型，进而通过建立模型、修正模型、完善模型及应用模型等环节建立体系，使学习者以模型构建为依据内化理论知识，培养创新能力。

（3）以模拟原型为载体，丰富创造力，体验理论应用的价值。设计过程中，以甲烷实际分子式、空间结构与理论模型的矛盾作为切入点，引出碳原子轨道杂化"原型"，以此原型为载体，运用多媒体影像技术分析其他原子轨道的杂化过程及杂化类型，进一步判断分子空间构型。做到举一反三、活学活用。

（五）设计思路

本节课主要以模型构建的设计思想为指导，建立了"三体系"（微观理论、中观过程和宏观应用）、"两主线"（知识主线和能力主线）的立体教学设计。围绕"三体系、两主线"框架，建立如附图 2 所示的设计图。主要过程为：以甲烷分子理论与实际构型的矛盾为出发点，探究宏观物质空间结构（建立模型）；提出杂化轨道理论（修正模型）；解释甲烷分子的 $sp^3$ 杂化过程，并以此为基础探究 $sp$ 和 $sp^2$ 轨道杂化原理（完善模型）；最后，对照课前复习内容，结合价层电子对互斥理论分析分子的空间构型（应用模型）。

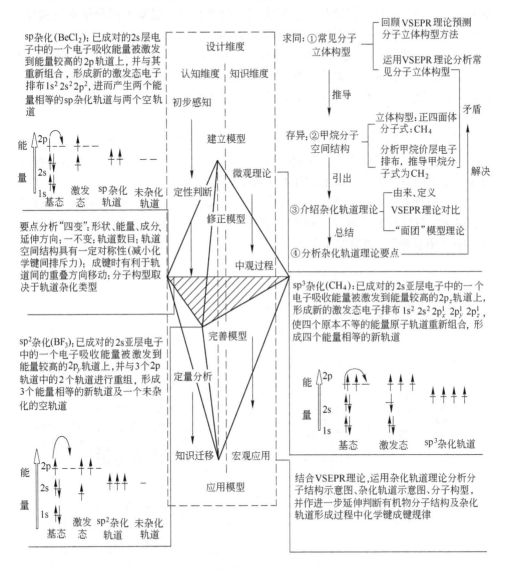

附图2　"杂化轨道理论简介"设计图

## 二、教学设计方案

### （一）教学目标

（1）知识与技能。根据本节知识特点，在设置目标过程中遵循"最近发展区"理论，即实现不同层级知识性和发展性目标。

（2）知识性目标。最高水平：掌握杂化轨道原理、过程、类型，并能正确判断不同分子空间构型（含部分有机物分子）；中级水平：了解杂化轨道过程及基本注意事项，能判断简单分子空间构型；初级水平：感知不同分子空间构型，根据先前所学内容，产生质疑，并做简单分析假设。

（3）发展性目标。高级水平：培养探究能力、创新能力及独立解决问题的能力；中级水平：进一步锻炼、发展空间想象能力、事物洞察能力、捕捉关键线索能力；初级水平：培养产生质疑、分析问题的能力，并能够进行联想、假设、简单问题的推测。

（4）过程与方法。在完成不同层级知识性和发展性目标过程中，根据学习者已达到的水平及目标水平，设置合理"最近发展区域"。培养学习者合作探究精神、敢于创新意识、思维发散能力、科学严谨态度。

（5）情感态度与价值观。以知识技能为"基"，过程方法为"趣"，寓教于乐。将化学与哲学紧密联系，使学习者在"看科学"中"学科学"，在"学科学"中"悟哲理"，如附图 3 所示。

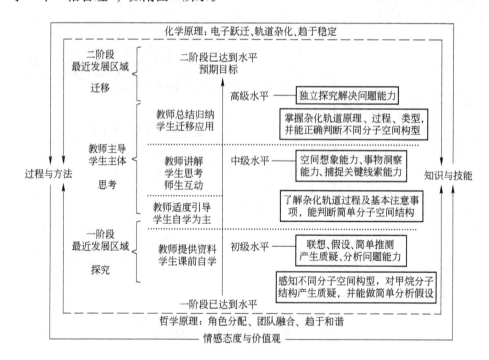

附图 3　教学目标框架图

**（二）教学内容**

本节课教学内容选自人教版高中化学教材选修 3 第二章第二节"分子的立体

构型"第 3 课时。主要包括：杂化轨道理论、轨道杂化类型及分子构型判断。
"杂化轨道理论"部分的教学内容框架图如附图 4 所示。

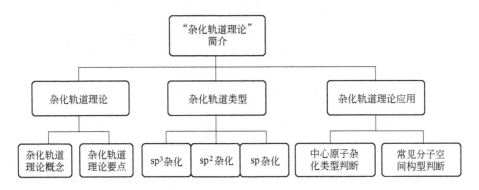

附图 4　教学内容框架图

（三）教学重难点

教学重点一：杂化轨道理论。

杂化轨道理论是现代价键理论的重要组成部分，是连接宏观物质构型与微观粒子结构的纽带。掌握杂化轨道理论对后续有机物空间结构的学习具有至关重要的作用。

教学重点二：杂化轨道理论要点分析。

杂化轨道理论要点分析是对概念的进一步解构，其涉及杂化过程中能量的变化、轨道数目、形状变化和空间对称性等因素，是有效掌握本节内容的关键。

教学难点一：轨道杂化过程。

上位概念的缺失必然导致学习者在学习过程中对知识难以理解。学习本节内容之前，学习者只能感性认知分子的空间结构，缺乏必要理论基础，轨道概念陌生。

教学难点二：轨道杂化过程及分子空间构型判断。

本节内容的最大难点是学习者对分子构型的空间想象，以及杂化过程中对轨道形状变化的抽象认识。空间想象程度将直接影响到本节知识的学习效果。

（四）教学模式

本节课采用基于模型构建的教学模式，包括构建模型、修正模型、完善模型和应用模型四个环节。主要涉及问题讨论教学、探究式教学、实物模型教学和电子白板与多媒体影像教学，如附图 5 所示。

（五）教学设计特色

（1）依托内容载体，突显知识与能力主线。本节课教学设计以学习者认知发展规律为依据，建立"三体系两主线"教学设计系统。在内容设置上围绕"宏观—中观—微观"三体系展开，强调学生的知识性发展和能力性发展两条主

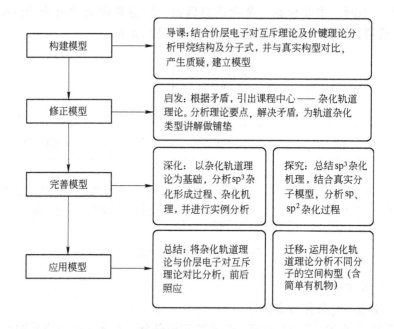

附图5　教学模式框架图

线。在教学实施过程中，以培养科学素养为前提，注重学习者探究能力、空间想象能力、事物洞察能力、团队意识和创新意识的培养。具体体现在以下几方面：其一，杂化轨道理论知识性强，理解难度大。通过对具体分子实际构型与理论构型的判断，锻炼学习者发现问题、分析问题、解决问题的能力。其二，在教学实施过程中，有意为学习者提供大量实物模型（包括不同颜色面团、球棍模型等）、三维动画，鼓励学习者大胆探究，敢于创新，打破"平面"束缚，在头脑中形成"立体空间"，感知"微观世界"的"宏观构型"。

　　（2）强调模型构建，倡导认知与模式融合。本节课运用基于模型构建的教学模式，主要包括构建模型、修正模型、完善模型和应用模型四个部分，下设复习回顾、产生质疑、理论解释、对比分析、深化理论、知识迁移、深化总结等环节，相互支撑，紧密联系。基于模型应用特点及杂化轨道内容特征，分析学习者认知发展规律，将其概括为初步感知阶段（通过模型或图片了解分子立体构型）、定性分析阶段（运用理论定性分析分子结构）、定量分析阶段（掌握杂化轨道理论，并能简单应用）和知识迁移阶段（结合 VSEPR 理论熟练掌握判断分子空间构型的方法）。随着阶段的深化，认知水平逐渐升高，理解能力逐渐增强。本节课教学设计将学习者的认知发展水平与模型构建层级紧密联系，在模型构建的不同层次提供符合学习者认知发展水平的学习内容，为学习者知识的内化和能力的提高提供有力保障。

（3）运用教育技术，拓宽探究与创新空间。本节课教学设计在媒介选择上倡导教育技术与学科知识有机融合，将网络资源（包括图片、Flash 动画等）引入课堂教学，并用电子白板予以直观展示。一方面有利于激发学习者的学习兴趣，培养创新与探究意识，养成科学的思维习惯；另一方面，降低了学习微观理论的难度，使微观分子宏观化、抽象原理形象化、平面视角空间化，繁琐理论趣味化，课堂教学过程如同上演一场别开生面的电影，使学习者在内化知识的同时，享受学习的乐趣。"三体系两主线"教学设计系统如附图 6 所示。

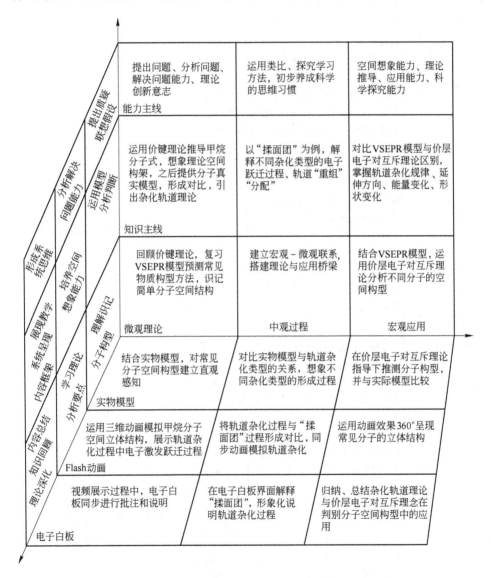

附图6　"三体系两主线"教学设计系统

## （六）教学过程

"杂化轨道理论简介"的教学过程见附表1。

**附表1　"杂化轨道理论简介"的教学过程**

| 阶段任务 | 教师活动 | 学生活动 | 教学媒介 |
|---|---|---|---|
| 奠定基础<br>环节1：复习回顾。<br>　在电子白板中展示不同分子构型图片，创设情境，回顾价层电子对互斥理论 | 【引言】（嵌入图片，进行白板批注说明）同学请观看图片，分子的世界绚丽多彩，它们的大小、原子个数、空间构型不尽相同。<br>　【复习】（白板漫游拖出 VSEPR 理论预测分子构型图）我们如何从理论上对分子的构型进行预测呢？让我们共同回顾上节课所学内容。价层电子对互斥理论认为分子的立体结构是"价层电子对"相互排斥的结果。其主要指的是中心原子上的电子对，包括δ键电子对和中心原子上的孤电子对。δ键电子对主要由分子式确定，孤电子对数确定的方法为：<br>　　$1/2 \times$（中心原子的价电子数 − 与中心原子结合的原子数 × 与中心原子结合的原子最多接受的电子数） | 　学生仔细观察图片，聆听教师讲解<br><br>　复习 VSEPR 理论，回顾运用理论，判断分子构型方法 | <br>形形色色的分子<br><br><br>VSEPR 理论预测分子构型 |
| 建立模型<br>环节2：产生疑问。<br>　以碳原子为例，引出甲烷分子"理论"结构，与实际分子构型对比，产生疑问。 | 【提问】碳原子的价层电子构型是怎样的呢？<br>　【设疑】（展示甲烷分子构型）我们知道碳原子2s轨道有2个电子，2p轨道有2个电子。其4个价层电子轨道分别由3个相互垂直的2p轨道和1个球形轨道形成。以甲烷分子为例，用碳的价层电子与氢原子的电子形成共价键，应形成怎样的分子构型和分子式呢？<br>　【理论假设1】1个碳原子与2个氢原子结合，在2p轨道形成两组电子对，分子式 $CH_2$。 | 【思考回答】碳是六号元素，价层电子排布为 $2s^2 2p^2$。<br><br>　【学生疑惑】假设1中2p轨道出现空轨道，理论分析有误，与甲烷的分子式矛盾。 | <br><br><br>甲烷分子模型 |

| 阶段任务 | 教师活动 | 学生活动 | 教学媒介 |
|---|---|---|---|
| 修正模型<br>环节 3：理论解释。<br>以甲烷构型（实际—理论）为矛盾切入点，引出杂化轨道理论。对甲烷分子做合理性分析，解释假设。 | 【理论假设 2】1 个碳原子与 4 个氢原子结合，在 2p 轨道形成三组电子对，分子式 $CH_4$，空间构型为不规则四面体。<br><br>【引出理论】（动画演示甲烷分子杂化过程）根据模型我们了解到甲烷的实际构型是正四面体，键角均为 109°28′，且键长相等。那么我们就能够推测出碳原子与氢原子所形成的 4 个共价键是完全等效的。基于此，我们需要将碳原子的轨道进行"有机排列"以满足其正四面体的要求。下面我们一起来学习本节的重点内容——杂化轨道理论。<br><br>杂化轨道理论定义：在形成多原子分子过程中，中心原子的若干能量相近的轨道重新组合，形成一个新的轨道，这个过程叫做轨道的杂化，形成的新轨道叫做杂化轨道。<br><br>【分析理论】（Flash 动画展示，电子白板批注）杂化轨道理论是一种价键理论，是化学家鲍林解释分子立体构型时提出的。根据杂化轨道概念，我们需要做如下说明：（1）发生杂化的原子一定是中心原子；（2）参与杂化的各原子轨道能量需要相近；（3）杂化轨道的能量、形状完全相同；（4）杂化前后原子轨道数目不变：参加杂化的轨道数目等于形成的杂化轨道数目；杂化后原子轨道方向改变，杂化轨道在成键时更有利于轨道间的重叠。<br>概括为："四变一不变"。 | 假设 2 中分子式虽然正确，但与实际模型矛盾。<br><br>学生仔细观察视频动画，聆听教师讲解，思考轨道杂化过程。<br><br>学生讨论杂化过程轨道数目、能量等变化情况，结合视频、动画思考轨道延伸方向及成键时轨道间重叠情况。 | <br>电子白板动画演示<br>甲烷分子杂化过程<br><br><br>甲烷球棍模型图<br><br><br>分析理论 |

续附表1

| 阶段任务 | 教师活动 | 学生活动 | 教学媒介 |
|---|---|---|---|
| 环节4：对比分析。<br><br>引入"面团理论"对比分析轨道杂化过程。 | 【形象化剖析】（演示揉面团过程）刚刚我们共同学习了杂化轨道理论及其要点，可能部分同学对微观理论的理解仍然存在一定难度。下面老师将原子轨道的杂化过程拿到我们的课堂中，请同学们仔细观察。（学生配合完成）<br><br>　　我们看到s轨道和p轨道就好比老师手中的红颜色面团和白颜色面团，通过揉搓的方法把面团混合，就可以得到颜色均匀的花面团，花面团就可以根据自己的需要再造出想要的颜色均一、造型相同的模型，这种模型就是我们所说的杂化轨道。 | 学生配合实验，观察揉面团同时，想象杂化轨道过程，将生活实践迁移到化学理论学习当中。 | <br>实物面团模拟图<br> |
|  | 【铺垫】（结合电子白板动态讲解）刚刚我们在杂化轨道理论的基础上，分析了甲烷的空间构型，不难发现碳原子的2s轨道电子在吸收能量后被激发到2p轨道，使将要杂化的原子"进入"激发状态，并形成4个完全相同的杂化轨道（接着就是准备作战了），这就是sp$^3$杂化过程。 | 学生观看Flash动画，分析思考杂化过程中电子的激发和跃迁，以及杂化后轨道的变化。 | <br>sp$^3$<br><br>sp$^3$杂化过程 |
| 完善模型<br>环节5：深化理论。<br><br>在理论解释的基础上，探究杂化轨道类型，建立微观—中观联系。 | 【探究1】（教师引导为主，同步动画演示sp及sp$^2$杂化过程）接下来我们观察图片中两个分子的空间构型，请同学分析它们轨道中的电子发生了怎样的变化？通过图片不难发现BeCl$_2$分子的空间构型是直线型，那么Be作为中心原子在杂化过程中与两个Cl原子结合，它的价层电子发生怎样的变化后，可形成直线型结构呢？<br><br>【探究2】以此类推，结合BF$_3$分子空间构型，猜想B原子的轨道杂化过程又是怎样的呢？ | 观看分子空间构型图片进行小组讨论，结合碳原子sp$^3$杂化过程，分析sp及sp$^2$形成过程。 | <br><br>（Be原子价层电子组态）（2个原子轨道）（2个sp杂化轨道）<br>BeCl$_2$分子的形成过程<br> |

续附表1

| 阶段任务 | 教师活动 | 学生活动 | 教学媒介 |
|---|---|---|---|
| 应用模型<br>环节6：知识迁移。<br>运用杂化轨道理论分析不同杂化类型所形成的空间分子构型，建立中观—宏观联系。 | 【小结】sp 杂化是指中心原子同一电子层内由一个 s 轨道和一个 p 轨道发生杂化的过程。sp 杂化是最简单的杂化形式。原子发生 sp 杂化后，上述 s 轨道和 p 轨道便会转化成为两个等价的原子轨道，两个 sp 杂化轨道的对称轴夹角为 $180°$。<br><br>sp² 杂化是指一个原子同一电子层内由一个 s 轨道和两个 p 轨道发生杂化的过程。原子发生 sp² 杂化后，上述 s 轨道和 p 轨道便会转化成为三个等价的原子轨道。三个 sp² 杂化轨道的对称轴在同一个平面上，两两之间的夹角皆为 $120°$。<br><br>值得注意的是，sp 和 sp² 两种杂化类型中存在未参与杂化的 p 轨道，可用于形成 π 键，而杂化轨道只能形成 δ 键或用来容纳未参与成键的孤电子对。<br><br>【提问】（提供 VSEPR 模型与中心原子杂化轨道类型对比图）我们已经学习了杂化轨道理论及轨道杂化类型，了解到发生杂化的原子必须为中心原子，那么通过什么方法可以确定中心原子的轨道杂化类型呢？或者怎样判断发生杂化的轨道数目呢？<br><br>【引导探究】我们上节课学过了价层电子对互斥理论，运用理论模型可以预测分子的空间构型，那么大家想一想，是否可以在上节课的基础上来判断轨道的杂化类型呢？<br><br>【小结】杂化轨道数 = 中心原子价层电子对数 = 中心原子孤对电子对数 + 中心原子结合的原子数 | 仔细聆听教师讲解，对比 sp³ 轨道杂化过程理解并识记 sp 及 sp² 杂化过程。<br><br>学生带着疑惑进行思考，回顾杂化轨道理论推导过程及价层电子对互斥理论要点。<br><br>【回答】可以先根据价层电子对互斥理论，确定分子的 VSEPR 模型，再反推轨道的杂化类型。<br><br>本节课"我"的收获和尚存疑问。 | 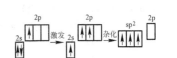<br>（B原子价层电子组态）（电子跃迁）（轨道杂化）<br>BF₃分子的形成过程<br><br>中心原子的VSEPR模型分析图表（见下表）<br><br>中心原子轨道杂化类型与分子构型的关系（见下表）<br><br><br><br> <br><br> <br>Ⅰ球棍模型　　Ⅱ比例模型<br>有机分子空间构型 |

中心原子的VSEPR模型分析图表

| 代表物 | 杂化轨道数 | 杂化轨道类型 | 分子结构 |
|---|---|---|---|
| $CO_2$ | | | |
| $CH_2O$ | | | |
| $CH_4$ | | | |
| $SO_2$ | | | |
| $NH_3$ | | | |
| $H_2O$ | | | |

中心原子轨道杂化类型与分子模型的关系

| 代表物 | 孤对电子对数 | 杂化轨道数 | 中心原子的杂化方式 | 分子空间构型 |
|---|---|---|---|---|
| $CO_2$ | 0 | 2 | sp | 直线形 |
| $CH_2O$ | 0 | 3 | sp² | 平面三角形 |
| $CH_4$ | 0 | 4 | sp³ | 正四面体形 |
| $SO_2$ | 1 | 3 | sp² | V形 |
| $NH_3$ | 1 | 4 | sp³ | 三角锥形 |
| $H_2O$ | 2 | 4 | sp³ | V形 |

| 阶段任务 | 教师活动 | 学生活动 | 教学媒介 |
|---|---|---|---|
| 环节7：课程总结。<br><br>宏观把握内容脉络，建立系统知识体系。明确知识主线，深化能力主线。做到以点成线，以线构面。<br><br>课堂升华，喻理于"礼"，将化学理论与哲学道理相结合，在化学教育中渗透人文教育 | 【后置悬念】（有机分子空间构型动画图片展示）我们分别分析了 $CH_4$、$BF_3$、$BeCl_2$ 的空间构型，其实杂化轨道理论对于有机物分子结构的判断同样适用，我们将在后续的课上继续学习。<br>　　【回顾总结】（电子白板展示知识总结 ppt）请同学们回顾本节课学了哪些内容呢？<br>　　本节课我们在价层电子对互斥理论的基础上学习了杂化轨道理论，其中杂化轨道理论概念及要点分析是本节重点，也是未来学习有机物分子空间构型的基础；之后以甲烷为例，相继介绍了 $sp^3$、$sp^2$ 及 sp 杂化过程，并在此基础上分析了不同分子的空间构型以及中心原子判断杂化类型的方法。希望同学们课后认真复习。<br>　　同学们结合我们今天所学的杂化轨道理论，了解到"碳"在自然界中之所以非常重要，主要在于其"合作精神"及"团队意识"，碳原子为了能够尽可能地与其他元素化合，为了使体系更稳定，便让自己的轨道重新分配组合。那么，针对我们每一位同学，学习"碳"的杂化轨道方法，认识自己在不同场合的角色和地位，根据需要做到角色的整合和重新定位，取长补短，只有这样才能形成结构稳定的新生有机体 | 仔细聆听，回忆课堂片段，摘录课堂笔记，书中勾画重点。<br>　　学生感悟。体会"碳"原子的甘于奉献、角色融合精神，联系个人实际，建立互帮互助、团队合作意识 | <br>课程总结 |

（七）知识总结框架图（白板设计）

知识总结框架图如附图7所示。

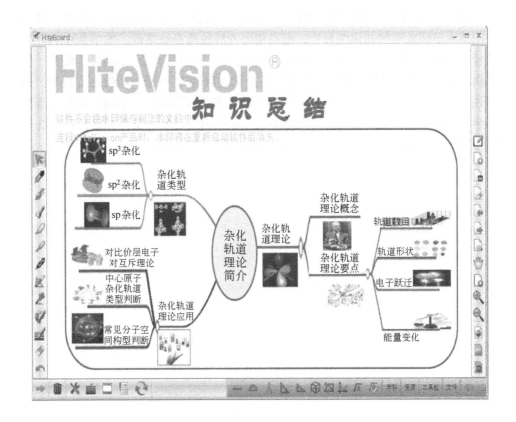

附图 7　知识总结框架图

（八）教学反思

（1）设置疑问，重视思维训练。"怀疑是科学的生命，怀疑促进化学的发展"，在课堂教学中设置合理情境，培养学习者质疑能力是教学设计的重点之一。本课从甲烷理论构型与实际构型的矛盾出发，引出杂化轨道理论，推导杂化轨道类型，进而解决课前矛盾。教学过程中，尽可能地激发学习者的求知欲与好奇心，以"探究"作为学习者知识内化的元推动力。同时，以问题假设为载体，培养学习者分析、解决问题的能力。达到以"问题"入手，运用"设疑"手段，解决实际问题的目的。

（2）强调过程，注重能力发展。本节教学设计以"基于模型构型"的指导思想为理论基础，通过"建立模型""修正模型""完善模型""应用模型"四个部分及"奠定基础""产生质疑""理论解释""课程总结"等七个环节建立知识点间的系统联系，强调知识的内化及能力的发展过程。不同环节当中，包含不同内容设计情节，如操作电子白板、观看 Flash 动画、"重组""分配"面团等，在学习过程中，提高水平，发展能力。

（3）强调探究，关注知识内化。掌握杂化轨道理论、轨道杂化类型及理论应用是本节课重要的知识性目标，也是能力发展的前提和基础。本节课在各环节设置上强调知识探究的重要性，如探析甲烷分子的空间构型，运用"面团"探究轨道的"重组"和"分配"，根据 $sp^3$ 杂化过程探究 $sp$ 及 $sp^2$ 杂化过程等。通过独立自主的探究性学习，一方面使学习者对知识的掌握更加牢固，同时，激发了学习者的学习兴趣，使探究性教学不仅在知识内化过程中发挥积极作用，在过程与方法、情感态度与价值观的培养上同样具有促进功能。

# 参 考 文 献

[1] 杨承印. 化学教学设计与技能实践[M]. 北京：科学出版社，2007.

[2] 周续莲. 生物学课堂教学技能训练教程[M]. 银川：阳光出版社，2010.

[3] 王后雄. 新理念化学教学技能训练[M]. 北京：北京大学出版社，2009.

[4] 黄梅. 中学化学教学设计[M]. 北京：化学工业出版社，2013.

[5] 杨承印. 中学化学教材研究与教学设计[M]. 西安：陕西师范大学出版总社有限公司，2011.

[6] 阎承利. 教学最优化艺术[M]. 北京：教育科学出版社，1995.

[7] 北京教育学院组，朱嘉泰. 中学化学微格教学教程[M]. 北京：科学出版社，1999.

[8] 朱嘉泰，李俊. 化学教学艺术[M]. 南宁：广西教育出版社，2002.

[9] 李远蓉. 化学教学艺术论[M]. 重庆：西南师范大学出版社，1996.

[10] 沈怡文，丁爱军. 高一化学有效教学[M]. 北京：中国轻工业出版社，2003.

[11] 王军翔. 中学化学教学设计与案例[M]. 西安：陕西师范大学出版总社有限公司，2010.

[12] 袁孝凤，张新宇，袁祖浩. 化学课堂教学技能训练[M]. 上海：华东师范大学出版社，2008.

[13] 北京教育学院组，孙立仁. 微格教学理论与实践研究[M]. 北京：科学出版社，1999.

[14] 沈鸿博. 化学课堂教学技能训练[M]. 长春：东北师范大学出版社，1999.

[15] 王文林. 中学化学知识探析与实验研究[M]. 西安：陕西师范大学出版总社有限公司，2010.

[16] 孔令鹏. 高中化学新课程教学案例[M]. 济南：山东科学技术出版社，2006.

[17] 许高厚. 课堂教学技艺[M]. 北京：北京师范大学出版社，1997.

[18] 彭佑松. 初中化学课堂教学设计[M]. 海口：南方出版社，2000.

[19] 王祖浩. 初中化学新课程案例与评析[M]. 北京：高等教育出版社，2004.

[20] 李志河. 微格教学概论[M]. 北京：北京交通大学出版社，2009.

[21] 田华文. 微格教学基本教程[M]. 武汉：武汉理工大学出版社，2008.

[22] 王凤桐，陈宝玉. 走近微格教学——微格教学技能的培训与策略[M]. 北京：首都师范大学出版社，2009.

[23] 刘昌友. 微格教学与课堂教学技能训练[M]. 贵州：贵州教育出版社，2007.

[24] 范建中. 微格教学教程[M]. 北京：北京师范大学出版社，2010.

[25] 荣静娴. 微格教学与微格教研[M]. 上海：华东师范大学出版社，2011.

[26] 荣静娴，钱舍. 微格教学与微格教研[M]. 上海：华东师范大学出版社，2000.

[27] 张海燕. 微格教学模式新探[J]. 辽宁师范大学学报，2003，26(4)：439～441.

[28] 倪海莹. 让"意外"塑造出片片精彩——"$CO_2$ 的性质"片段教学实践与反思[J]. 中学化学教学参考，2007(9)：28～30.

[29] 王玉蓉，易章和. 由硫酸泄漏事件引发的思考[J]. 中学化学教学参考，2007(7)：22～23.

[30] 李惠娟. 让硅担当起不可或缺的角色——硅的教学设计案例[J]. 中学化学教学参考，2009(7)：36～38.

［31］赵坡．整合学科知识　完善科学素养——"乙醇"（第1课时）教学设计［J］．中学化学教学参考，2008（8）：26～28．

［32］刁钰华，钱扬义．在游戏中轻松突破高一化学用语——化学扑克牌学习法［J］．中学化学教学参考，2010（1～2）：37～38．

［33］曹小华，陶春元，雷艳红，等．ATDE教学模式在化学实验教学中的应用——以《粗盐的提纯》为例［J］．化学教与学，2013（9）：10．

［34］苏育才．新课程标准下结束技能在化学教学中的应用［J］．中国教育技术装备，2011（11）：106～107．

［35］李群英．结束技能在诊断学教学中的应用［J］．卫生职业教育，2010（4）：76～77．

［36］滕丽娟．结束技能对初三物理课程教学的意义［J］．新课程学习，2013（4）：97．

［37］沈璐．中学新课程结束技能探究［N］．扬州日报，2011-09-02（D01）．

［38］房梅，彭立．思维导图在课堂结束技能中的应用研究——以高中化学为例［J］．中国教育信息化，2012（14）：92．

［39］王承玉，李鹏鸽．化学教学中结束技能剖析［J］．山西教育，1997（3）：43．

［40］易兆麟．微格教学之结束技能［J］．林区教学，2006（6）：57～59．

［41］严先元．试论教师的演示教学技能［J］．庐州教育学院学报，1997（21）：12～18．

［42］陈素芬．走出多媒体演示误区提高教师多媒体演示技能［J］．信息技术与应用，2009（12）：44～46．

［43］冯紫萱．高中化学演示实验教学研究［D］．西安：西北大学，2013．

［44］陈勤．高中化学演示实验对教学有效性的探究［J］．教育教学论坛，2012（S3）：41．

［45］裘大彭，任平．课堂教学中的演示技能［J］．人民教育，1994（5）：19～21．

［46］包朝龙．"好问题"的背后蕴含着高质量的思维——新课程如何探寻"好问题"的思考［J］．中学化学教学参考，2007（3）：47～48．

［47］张文峰．"好问题"的标准［J］．新课程，2010，（9）：58～59．

［48］黄为勇．奥苏泊尔及布鲁纳学习理论在"数据结构"教学中的应用［J］．理工高教研究，2005，24（6）：9～10．

［49］高燕．从新课程理念看化学微格教学中的"提问技能"［J］．保山师专学报，2009，28（2）：78～82．

［50］陈羚．国内外有关教师课堂提问的研究综述［J］．基础教育研究，2010（9）：17～20．

［51］杨波．化学课中的提问艺术［J］．宿州教育学院学报，2012，15（3）：170～173．

［52］谭晓云．课堂提问的认知性研究［D］．上海：华东师范大学，2006．

［53］王德勋．试论课堂提问的时机把握及提问方法［J］．教育探索，2007（2）：26～27．

［54］杨宁．学生课堂提问的心理学研究及反思［J］．湖南师范大学教育科学学报，2009，8（1）：96～100．

［55］王小莉．化学复习课中探究式教学的实施策略［J］．化学教与学，2013（9），：67～69．

［56］黎容武．浅论高中化学课堂有效性提问方法与技巧［J］．新课程（中学），2012（12）：56．

［57］朱建岳．初中数学课堂中讲解技能的更新与应用［J］．新课程学习（中），2013（2）：137．

［58］刘启艳．微格教学理论专题讲座（续）第六讲　讲解技能［J］．贵州教育，1997（Z2）：31～32．

[59] 马艳云. 教师评语对学生学习动机的影响[J]. 教育科学研究, 2006(7):47~49.

[60] 孙海. 论课堂教学讲解技能的基本要求[J]. 许昌师专学报, 2000, 19(1):112~115.

[61] 陈桂芳, 郭晓萍. 略论理科讲解技能[J]. 西昌学院学报·自然科学版, 2007, 21(1): 129~131.

[62] 王惠来. 浅谈奥苏伯尔的有意义接受学习理论[J]. 天津师大学报, 1994(4):28~30.

[63] 袁建国. 体育教育专业学生讲解技能微格教学的设计与研究[J]. 温州大学学报·自然科学版, 2007, 28(3):23~27.

[64] 易苗. 影响高师数学专业师范生讲解技能发展的因素研究[D]. 桂林:广西师范大学, 2009.

[65] 濮江. 中学化学情境教学模式研究[J]. 中学化学教学参考, 2012(1):3~5.

[66] 郑世军. "试误"教学法对新课程下的高中数学教学的作用[J]. 数学学习与研究, 2012(9):61~62.

[67] 李鹏鸽, 张旭凌. 化学教学技能研究——关于试误技能的探讨[J]. 中学化学教学参考, 1997(3):14~16.

[68] 卢央君. 试误理论在生物教学中的应用[J]. 中学生物教学, 2004(10):8

[69] 魏有章. 试误理论在教学中的应用[J]. 职业技术教育, 1995(3):28.

[70] 莫国良. 通过"试误"教学走向高效解题[J]. 数学教学通讯(教师版), 2009(36):21~23.

[71] 徐军. "试误"教学法与新课程下的高中数学教学[J]. 淮阴师范学院教育科学论坛, 2007(4):71~72.

[72] 胡黎明. 谈谈"试误"教学[J]. 科学大众, 2008(5):55.

[73] 花婉丽. 教学中巧试误[J]. 新课程学习(基础教育), 2012(11):185.

[74] 张相. 新课程下"导入技能"在化学教学中的应用与评价[J]. 中学数理化, 2013(1):9.

[75] 毛晓明. 浅谈新课标下数学课堂教学中的导入技能[J]. 新课程, 2013(2):39.

[76] 陈文新. 变化技能在语文教学中的运用[J]. 现代教学, 2009(Z1).

[77] 史倩. 不同教学方式在地理课堂中的应用[J]. 新课程学习(下), 2012(11):132.

[78] 周慧. 初中数学导入技能探析[J]. 中学教学参考, 2013(5):30.

[79] 朱贤. 导入技能[J]. 佛山大学学报, 1997(6).

[80] 施丹丹. 关于变化技能在英语课堂教学中的运用[J]. 太原大学教育学院学报, 2007(1):82~84.

[81] 陆庭銮. 化学教学环节的巧妙处理———听同课异授课"化学肥料"的感受[J]. 化学教育, 2012(4):39~41.

[82] 朱嘉泰. 化学课堂教学中的变化技能[J]. 化学教育, 1998(6):19~22.

[83] 朱嘉泰. 化学课堂教学中的强化技能[J]. 化学教育, 1996(11):17~20.

[84] 林巧民, 余武. 基于微格教学的教学技能训练研究[J]. 南京邮电大学学报, 2010, 12(1):120~124.

[85] 王琴. 课堂教学中的变化技能[J]. 河南教育, 2000(7):31.

[86] 张立红. 浅说课堂中的变化技能[J]. 职业技术教育研究, 2005(10):46.

[87] 黄秋芳. 浅谈初中数学课堂中的导入技能[J]. 课程教育研究, 2013(19):122~123.

[88] 韩海荣, 陈建军. 浅谈课堂教学中的变化技能[J]. 教学与管理, 2007(18):123~124.

[89] 李平. 浅议"变化技能"在化学教学中的应用[J]. 价值工程, 2010(31):274.

[90] 杜复平. 强化技能的心理学基础及在课堂教学中的应用[J]. 贵阳师范高等专科学校学报（社会科学版）, 2003(4):67~69, 92.

[91] 马丽明, 陈向新, 顾成林. 师范生导入技能的六步教学模式研究[J]. 佳木斯大学社会科学学报, 2010(5):135~136.

[92] 董学发. 数学课堂教学中的强化技能[J]. 数学教师, 1998(1):6~7.

[93] 张红. 谈高中数学课堂的导入技能[J]. 黑龙江科技信息, 2009(6):132, 164.

[94] 李亚文. 谈教师教学的变化技能[J]. 沈阳教育学院学报, 2000(1):62~65.

[95] 刘启艳. 微格教学理论专题讲座（续）第七讲　变化技能[J]. 贵州教育, 1997(9):29~30.

[96] 景凤芹. 新课程背景下中学化学课程导入艺术探析[J]. 考试周刊, 2013(1):150~151.

[97] 许庆网. 运用变化技能, 提高语文课堂教学效率[J]. 小学教学参考, 2009(28):20~21.

[98] 叶亚平, 刘杰民, 刘云. 注重兴趣培养强化技能训练——有机化学教学改革探索[J]. 中国冶金教育, 1998(2):16~18.

[99] 丁银萍. 遵循课堂教学原则　凸显课堂变化技能——浅谈初中地理教师在课堂教学中应注意的两个问题[J]. 快乐阅读, 2013(1):66.

[100] 刘岩, 殷志宁, 杨柳. "金刚石、石墨和$C_{60}$"教学实录与点评[J]. 中学化学教学参考, 2011(Z1):34~37.

[101] 莘赞梅. "金属的腐蚀和防护"的教学设计[J]. 中学化学教学参考, 2011(3):25~26.

[102] 马晓梅, 蒯世定. "离子键"的教学设计[J]. 中学化学教学参考, 2008(11):26~28.

[103] 于淑儿. "苏教版"高一年级《钢铁的腐蚀》教学案例[J]. 中学化学教学参考, 2007(10):22~24.

[104] 沈理明, 田军, 朱妍. "苏教版"高一年级《钢铁的腐蚀》教学案例[J]. 中学化学教学参考, 2007(10):14~16.

[105] 秦才玉, 张克强. 新课程背景下课堂教学情景创设的几点做法[J]. 中学化学教学参考, 2008(8):25.

[106] 张勇, 袁廷新, 扬帆. 化学教学情景创设中存在的问题分析[J]. 中学化学教学参考, 2008(7):12~13.

[107] 李惠娟. 从生活中感悟化学——"二氧化硫的性质"教学设计案例[J]. 中学化学教学参考, 2009(9):24~27.

[108] 董彦玲. 高师院校数学教师课堂教学技能微格训练研究[D]. 成都:四川师范大学, 2012.

[109] 黄炳强. 强化学习方法及其应用研究[D]. 上海:上海交通大学, 2007.

[110] 王世存. 化学学习负迁移诊断及矫正研究[D]. 上海:华中师范大学, 2013.

[111] 刘佳. 高中英语课堂教学的导入艺术探究[D]. 上海:华中师范大学, 2004.

[112] 岳辉吉. 微格教学与物理师范生基本教学技能培养的研究[D]. 西安：陕西师范大学，2007.

[113] 张新歌. 化学研究性学习课程的教学实践与研究[D]. 天津：天津师范大学，2003.

[114] 姜言霞. 化学微格教学的研究与实践[D]. 济南：山东师范大学，2004.

[115] 侯志鹏. 基于强化学习的模糊神经网络控制研究及应用[D]. 北京：华北电力大学，2007.

[116] 陈凤姣. 化学课堂导入阶段学生心理活动的研究[D]. 长沙：湖南师范大学，2003.

[117] 郭志东. 专家型化学教师的成长规律和培养方法探索[D]. 福州：福建师范大学，2001.

[118] 曹旭琴. "苯"的教学设计[J]. 中学化学教学参考，2011(1~2):29~30.

[119] 王萍. "化学式相对分子质量一节"小组合作教学展示课探析[J]. 中学化学教学参考，2008(7):21~22.

[120] 刘珍芳. 多媒体技术在教学中应用的反思[J]. 长春师范学院学报，2004(10):131~133.

[121] 金燕. 多媒体教学课件质量与教学效果的因素探析[J]. 电化教育研究，2007(5):66~68.

[122] 田丽. 多媒体教学中多媒体使用的"三适"原则探究[J]. 软件导刊（教育技术），2012(9):65~67.

[123] 刘苏男，刘艳. 多媒体课件的评价标准[J]. 中国职业技术教育，2007(22):41~42.

[124] 孙宽宁，刘长伦，朱岭仁. 高师信息化教学技能和教学理念调查研究[J]. 山东师范大学学报，2006(3):136~138.

[125] 王彤，王秋，姚志强. 化学教学中的模型方法及其应用[J]. 化学教育，2001(10):19~20.

[126] 席琦. 化学教学中的模型方法及其应用[J]. 山西广播电视大学学报，2009(3):59~60.

[127] 李文高，孙丹鹏. 教学设计的新领域———信息化教学设计[J]. 保山师专学报，2006(2):62~64.

[128] 林雯. 论师范生信息化教学能力培养[J]. 教育评论，2012(3):60~62.

[129] 陈杉林. 让投影仪在教学中继续发挥作用[J]. 阜阳师范学院学报（自然科学版），2001(2):68~69.

[130] 魏宏升. 实物投影仪在美术课教学中的应用[J]. 中国教育技术装备，2013(20):44~46.

[131] 成运. 试论多媒体教学原则[J]. 娄底师专学报，1994(4):76~81.

[132] 高铁栓. 试论信息化教学模式[J]. 河南财政税务高等专科学校学报，2002(5):50~52.

[133] 李巨超. 运用Flash制作化学实验教学软件的探讨[J]. 河池学院学报，2008(S2):179~181.

[134] 杨文远，毕吉利，周亚菲. 运用手持技术验证酸碱滴定过程中电导率的变化[J]. 教育教学论坛，2012(26):93~94.

[135] 王亚荣. 自制教具在化学教学中的作用[J]. 教育教学论坛, 2010(21):108.

[136] 吴振强, 化学课堂板书研究[J]. 广东教育, 2009(3).

[137] 韩丽丽, 浅析化学课堂教学中的板书[J]. 化学教与学, 2013(6):85~86.

[138] 瞿兵, 化学教学中的板书艺术[J]. 中学化学教学参考, 1995(10):46~47.

[139] 刘瑞章, 王成江, 化学教学中的板书设计[J]. 临沂师专学报, 1998(3):88~90.

[140] 张禄. 浅谈新课程理念下的化学板书[J]. 化学教学, 2007(12):18~19.

[141] 周玉明, 化学板书设计的优化策略[J]. 中学化学教学参考, 2011(10):20~21.

[142] 杨军峰, 金东升, 苏永平. 对甘肃省初中化学教师语言表达的分析与思考[J]. 化学教学. 2013(6):15~16.

[143] 刘墉. 说话的魅力[M]. 南宁: 接力出版社, 2012.

[144] 宿春礼, 赵一. 化学故事[M]. 北京: 中国时代经济出版社, 2008.

[145] 肖桂林, 化学教学中"错误"资源的妙用[J]. 化学教育, 2009(7):30~31.

[146] 张怡天, 陆真, 邹正, 等. 应用思维导图提高学生化学问题解决能力——化学教学转型探索之行动研究报告[J]. 中学化学教学参考, 2010(5):14~16.

[147] 刘知新. 化学教学论[M]. 北京: 高等教育出版社, 2010.